EXAMPRESS®

施工管理技術検定学習書

出るとこだけ!

建築土木
教科書®

保坂成司

著

2級

土木施工

管理技士 第一次
検定

SE
SHOEISHA

はじめに

　2級土木施工管理技術検定第一次検定では，過去問をベースとする問題が多く出題されています。また，No.54〜61の施工管理法（基礎的な能力）における問題では，それぞれの選択肢の正誤を的確に判断できる知識と，文章の読解力が求められる内容となっています。すなわち，試験の攻略には正確に過去問を分析し，頻出内容について整理し，理解を深めておくことが最重要です。

　本書は，過去10〜11年間の2級土木施工管理技術検定第一次検定（学科試験）について緻密な分析を行い，よく出題されている選択肢やキーワード，また出題回数は少ないものの今後出題されそうな選択肢やキーワードについてまとめた要点集です。過去に10回以上出題された項目には「出る☆☆☆」，9〜7回には「出る☆☆」，6〜4回には「出る☆」のマークが付けてありますので，重点的に覚えてください。また，例題も厳選して掲載していますので，知識の確認に役立ててください。

　本書は，ある程度学習が進んだ方の利用を想定していますので，過去問を過去3年分くらい，出来れば5年分くらい解いたあとに本書を読むことで，知識の定着や整理が行えると思います。また本書は，第二次検定対策用としても十分利用可能と考えています。

　毎日の忙しい業務の中で試験勉強を行うことは大変ですが，スキマ時間に本書を活用し，合格を勝ち取ることを願っています。

2024年2月

日本大学教授　保坂成司

試験について

　2級土木施工管理技術検定とは、国土交通大臣指定機関による国家試験であり、建設業法第27条第1項に基づきます。合格者には「2級 土木施工管理技士」の称号が付与され、建設業法で定められた専任技術者、建設工事の現場に置く主任技術者としての資格を得ることができます。

　種別は土木、鋼構造物塗装、薬液注入に分かれており、本書では最も受検者の多い「土木」の出題範囲をカバーしています。

　なお、令和3年度の制度改正から新たに「施工管理技士補」の称号が追加され、第一次検定に合格すると「2級土木施工管理技士補」の称号が付与されるようになりました。

●試験の概要

受検資格	第一次検定：受検年度中における年齢が17歳以上の方 第二次検定：土木の施工管理業務に従事した所定の実務経験を積んで受検資格を満たした方（第二次検定のみ受検の場合は第一次検定・第二次検定の受検資格を満たし、かつ第一次検定免除資格を有する方）
第一次検定（前期）	受検申込期間：3月上旬～下旬 試験日：6月上旬 合格発表：7月上旬
第一次検定（後期）	受検申込期間：7月上旬～中旬 試験日：10月下旬 合格発表：11月下旬
第二次検定	受検申込期間：7月上旬～中旬 試験日：10月下旬 合格発表：2月上旬
受検手数料	第一次検定、第二次検定それぞれにつき5,250円 （同時受検の場合 10,500円）
試験地	全国（実地時期や種別により試験地は異なる）

●第一次検定（土木）の試験内容

出題科目と出題形式	解答は全て四肢択一・マークシート方式 科目：土木工学等・施工管理法・法規
試験時間	入室時間：10 時 15 分まで 受検に関する説明：10 時 15 分〜 10 時 30 分 試験時間：10 時 30 分〜 12 時 40 分
問題数	61 問中、全部で 40 問を解答。うち 8 問は必須問題。 （過去問より）
合格基準	得点が 60% 以上

●第二次検定（土木）の試験内容

出題科目と出題形式	解答は記述式 科目：施工管理法
試験時間	入室時間：13 時 45 分まで 受検に関する説明：13 時 45 分〜 14 時 00 分 試験時間：14 時 00 分〜 16 時 00 分
問題数	9 問中、全部で 7 問を解答。うち 5 問は必須問題。 （過去問より）
合格基準	得点が 60% 以上

●問合せ先

　以上の情報は、本書執筆時のものです。検定に関する詳細・最新情報は、下記の試験運営団体のホームページを必ず確認するようにしてください。

一般財団法人　全国建設研修センター

https://www.jctc.jp/exam/doboku-2
試験業務局　TEL:042-300-6860

本書の使い方

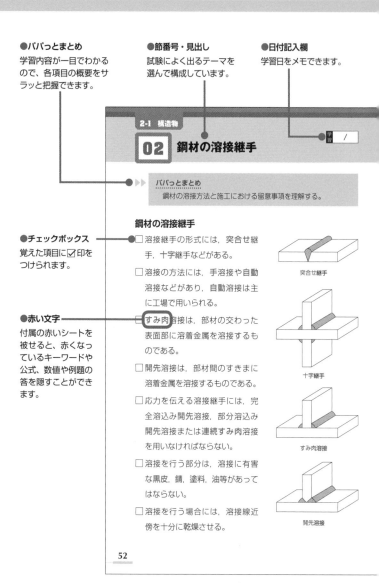

●パパっとまとめ
学習内容が一目でわかるので、各項目の概要をサラッと把握できます。

●節番号・見出し
試験によく出るテーマを選んで構成しています。

●日付記入欄
学習日をメモできます。

2-1 構造物

学習 /

02 鋼材の溶接継手

▶▶▶ パパっとまとめ
鋼材の溶接方法と施工における留意事項を理解する。

●チェックボックス
覚えた項目に☑印をつけられます。

●赤い文字
付属の赤いシートを被せると、赤くなっているキーワードや公式、数値や例題の答を隠すことができます。

鋼材の溶接継手

- □ 溶接継手の形式には，突合せ継手，十字継手などがある。

- □ 溶接の方法には，手溶接や自動溶接などがあり，自動溶接は主に工場で用いられる。

- □ すみ肉溶接は，部材の交わった表面部に溶着金属を溶接するものである。

- □ 開先溶接は，部材間のすきまに溶着金属を溶接するものである。

- □ 応力を伝える溶接継手には，完全溶込み開先溶接，部分溶込み開先溶接または連続すみ肉溶接を用いなければならない。

- □ 溶接を行う部分は，溶接に有害な黒皮，錆，塗料，油等があってはならない。

- □ 溶接を行う場合には，溶接線近傍を十分に乾燥させる。

突合せ継手

十字継手

すみ肉溶接

開先溶接

52

●例題

過去の試験問題から、テーマに添った問題を掲載しています。
内容に変更を加えた場合は改題である旨記載しています。
※例題は一部表現を変更している場合があります。

● 「出る」マーク

過去に10回以上出題された項目には **出る★★★**、
9〜7回には **出る★★★**、6〜4回には **出る★★★** の
マークが付けてあります。詳しくは iii ページ参照。

●章タイトル
学習分野が一目で
わかります。

□ 開先溶接の始端と終端は、
溶接欠陥が生じやすいので
エンドタブを取り付けて溶
接する。**出る★★★**

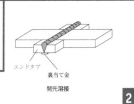

エンドタブ
裏当て金
開先溶接

□ エンドタブは、溶接終了後、
ガス切断法により除去して
その跡をグラインダ仕上げ
する。

□ 溶着金属の線が交わる場合
は、応力の集中を避けるた
め、片方の部材にスカラッ
プという扇状の切欠きを設
ける。

スカラップ

スカラップ

2
専門土木

例題1

R5 前期【No.13】改

鋼材の溶接接合に関する次の記述のうち、**適当なもの**はどれか。
1. 溶接の施工にあたっては、溶接線近傍を湿潤状態にする。
2. すみ肉溶接においては、原則として裏はつりを行う。
3. エンドタブは、溶接終了後、ガス切断法により除去してその跡を
グラインダ仕上げする。

解答 3
解説 1.の溶接線近傍に水分が付着していると、溶接に悪影響を与えるた
め、十分に乾燥させる。2.のすみ肉溶接は、鋼板を重ねたり、T形に
直交する二つの接合面に溶着金属を盛って接合する溶接方法である。
裏はつりとは、完全溶込み溶接継手において、先行した溶接部の開先
底部の溶込み不良の部分、あるいは先行した溶接部の初層部分等を裏
面からはつり取ることをいう。3.は記述の通りである。

●過去問題番号
この問題の場合、
令和5年度 第一次検定（前期）【No.13】の改題
という意味になります。

目 次

試験について ……………………………………………………… iv
本書の使い方 ……………………………………………………… vi

第 1 章　土木一般 …………………………………………… 1

1-1　土工

01　土質試験 …………………………………………… 2
02　建設機械 …………………………………………… 7
03　盛土の施工・法面保護工 ……………………… 12
04　軟弱地盤対策工法 ……………………………… 15

1-2　コンクリート

01　コンクリート用語・コンクリートの配合設計 ………… 19
02　コンクリートの材料 …………………………… 23
03　コンクリートの施工 …………………………… 28

1-3　基礎工

01　既製杭の施工 …………………………………… 33
02　場所打ち杭の施工 ……………………………… 39
03　土留め …………………………………………… 43

第 2 章　専門土木 …………………………………………… 47

2-1　構造物

01　鋼材 ……………………………………………… 48
02　鋼材の溶接継手 ………………………………… 52
03　鋼道路橋に用いる高力ボルト ………………… 55
04　橋梁の架設工法 ………………………………… 57
05　コンクリートの劣化と耐久性の向上 ………… 61

2-2　河川・砂防・地すべり防止工

01　河川 ……………………………………………… 64
02　河川護岸 ………………………………………… 68
03　砂防えん堤 ……………………………………… 72
04　地すべり防止工 ………………………………… 76

2-3 道路・舗装

01 道路のアスファルト舗装の路床・路盤の施工 ………… 80
02 アスファルト舗装の施工 ……………………………… 85
03 アスファルト舗装の破損・補修工法 ………………… 89
04 道路のコンクリート舗装 ……………………………… 92

2-4 ダム・トンネル

01 ダム …………………………………………………… 96
02 トンネル（山岳工法） ………………………………… 101

2-5 海岸・港湾

01 海岸堤防 ……………………………………………… 106
02 ケーソン式混成堤の施工 …………………………… 110
03 浚渫工事 ……………………………………………… 113

2-6 鉄道・シールド工法

01 鉄道 …………………………………………………… 115
02 営業線近接工事 ……………………………………… 121
03 シールド工法 ………………………………………… 125

2-7 上下水道

01 上水道 ………………………………………………… 131
02 下水道 ………………………………………………… 135

第3章 法規 ………………………………… **141**

3-1 労働基準法

01 賃金，労働時間，休憩，休日，年次有給休暇，
就業規則 ……………………………………………… 142
02 災害補償，年少者・妊産婦の就業制限 …………… 148

3-2 労働安全衛生法

01 作業主任者，特別教育，工事計画の届出 ………… 153

3-3 建設業法

01 建設業法 ……………………………………………… 156

3-4 道路関係法令

01 道路法・車両制限令 ………………………………… 160

3-5 河川法

01 河川法 ………………………………………………… 164

3-6　建築基準法
01　建築基準法 ・・・・・・・・・・・・・・・・・・・・・・・・・・・・・・・・・・・・・・ 168

3-7　火薬類取締法
01　火薬類取締法 ・・・・・・・・・・・・・・・・・・・・・・・・・・・・・・・・・・ 172

3-8　騒音規制法
01　騒音規制法 ・・・・・・・・・・・・・・・・・・・・・・・・・・・・・・・・・・・・ 177

3-9　振動規制法
01　振動規制法 ・・・・・・・・・・・・・・・・・・・・・・・・・・・・・・・・・・・・ 180

3-10　港則法
01　港則法 ・・・ 183

第4章　共通工学 ・・・・・・・・・・・・・・・ **187**

4-1　測量
01　測量 ・・ 188

4-2　公共工事標準請負契約約款
01　公共工事標準請負契約約款 ・・・・・・・・・・・・・・・・・・・・・・ 194

4-3　図面
01　図面 ・・ 198

第5章　施工管理 ・・・・・・・・・・・・・・・ **201**

5-1　施工計画・施工管理
01　施工計画 ・・・・・・・・・・・・・・・・・・・・・・・・・・・・・・・・・・・・・・ 202
02　仮設工事 ・・・・・・・・・・・・・・・・・・・・・・・・・・・・・・・・・・・・・・ 205
03　建設機械の作業能力・作業効率 ・・・・・・・・・・・・・ 208
04　施工体制台帳及び施工体系図 ・・・・・・・・・・・・・・・ 211

5-2　工程管理
01　工程表・工程管理 ・・・・・・・・・・・・・・・・・・・・・・・・・・・・ 213
02　ネットワーク式工程表 ・・・・・・・・・・・・・・・・・・・・・・・・ 219

5-3　品質管理
01　品質管理・ヒストグラム ・・・・・・・・・・・・・・・・・・・・・・ 222
02　管理図 ・・ 226
03　盛土の締固めにおける品質管理 ・・・・・・・・・・・・・・・ 229

04 レディーミクストコンクリートの品質管理 ・・・・・・・・・・・・ 231
05 土木工事の品質管理 ・・・・・・・・・・・・・・・・・・・・・・・・・・・・・・・ 234

5-4 安全管理

01 特定元方事業者等の講ずべき措置 ・・・・・・・・・・・・・・・・・ 236
02 労働災害・公衆災害の防止 ・・・・・・・・・・・・・・・・・・・・・・・・ 238
03 車両系建設機械の安全確保 ・・・・・・・・・・・・・・・・・・・・・・・ 242
04 移動式クレーンを用いた作業 ・・・・・・・・・・・・・・・・・・・・・ 245
05 型枠支保工の組立て作業 ・・・・・・・・・・・・・・・・・・・・・・・・・ 248
06 足場の組立て作業 ・・・・・・・・・・・・・・・・・・・・・・・・・・・・・・・ 251
07 地山の掘削作業 ・・・・・・・・・・・・・・・・・・・・・・・・・・・・・・・・・ 254
08 コンクリート造の工作物の解体作業 ・・・・・・・・・・・・・・・ 257

5-5 環境保全対策

01 環境保全対策，騒音・振動対策 ・・・・・・・・・・・・・・・・・・・・ 260
02 建設リサイクル法 ・・・・・・・・・・・・・・・・・・・・・・・・・・・・・・・ 266

索引 ・・ 268

1

第 1 章

土木一般

01 土質試験

▶▶ **パパっとまとめ**

　それぞれの土質試験について，原位置試験か室内試験かを覚える。またそれぞれの土質試験における試験名とその試験結果から求められるもの，及び試験結果の利用について覚える。

原位置試験

☐ 標準貫入試験は，ボーリングロッド頭部に取り付けたノッキングブロックに，76cm ± 1cm の高さから 63.5kg ± 0.5kg の錘を落下させ，土中にサンプラーを 30cm 貫入させる打撃回数（N 値）から地盤の支持力の推定に用いられる。**出る ★★★**

☐ 標準貫入試験結果より，支持層の位置，地盤の動的貫入抵抗値，砂質地盤の内部摩擦角の推定，支持力の推定等ができる。

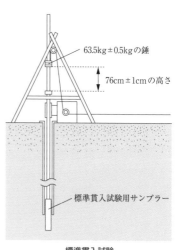

63.5kg ± 0.5kg の錘

76cm ± 1cm の高さ

標準貫入試験用サンプラー

標準貫入試験

☐ 砂置換による土の密度試験は，路盤などに穴を掘り，その穴に質量と体積がわかっている試験用砂を入れ，穴に入った試験用砂の体積と，掘り出した土の質量から，掘り出した土の密度を調べる試験で，土の締固めの判定に活用される。**出る ★★★**

□ ボーリング孔を利用した**透水試験**は，孔内の地下水位を人為的に低下させ，その後の水位の回復量と時間から地盤の**透水係数**を直接測定する試験である。得られた**透水係数**は，地盤の透水性の判定，掘削時の排水計画，**地盤改良工法の設計**，補助工法の検討等に用いられる。**出る ★★★**

□ スクリューウエイト貫入試験（スウェーデン式サウンディング試験）は，スクリューポイントを付けたロッドに錘を載せて回転し，地盤に貫入して土の硬軟や**締まり具合**を判定する。

出る ★★★

□ ポータブルコーン貫入試験は，ロッドの先端に円錐のコーンを取り付けて地中に**静的**に貫入し，その圧入力から土の**コーン指数**を求めるもので，建設機械の**走行性**の判定に用いられる。

出る ★★★

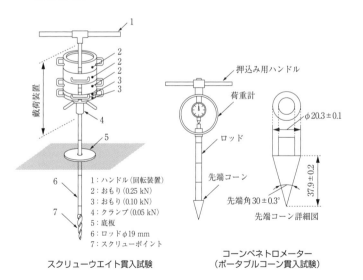

1：ハンドル（回転装置）
2：おもり（0.25 kN）
2：おもり（0.10 kN）
3：おもり（0.10 kN）
4：クランプ（0.05 kN）
5：底板
6：ロッドφ19 mm
7：スクリューポイント

押込み用ハンドル
荷重計
ロッド
先端コーン

$\phi 20.3 \pm 0.1$
37.9 ± 0.2
先端角 $30 \pm 0.3°$

先端コーン詳細図

スクリューウエイト貫入試験

コーンペネトロメーター（ポータブルコーン貫入試験）

出典：日本産業規格
スクリューウエイト貫入試験：A1221:2020 図1
コーンペネトロメーター：A1228:2020 図1

☐ RI 計器による土の密度試験は，RI（放射性同位元素）を用いて土の湿潤密度を求められる。

☐ 平板載荷試験は，一定の大きさの鋼板に載荷し，荷重と沈下量の関係から地盤の支持力係数を測定できる。

☐ CBR 試験には，路床・路盤の支持力を直接測定する現場 CBR 試験と，アスファルト舗装の厚さ決定に用いられる路床土の設計 CBR 等を求める室内 CBR 試験がある。

室内試験

☐ 土の液性限界・塑性限界試験は，土が塑性状から液状や半固体状に移るときの境界の含水比であるコンシステンシー限界を求める試験であり盛土材料の選定に活用される。**出る** ★★★

☐ 土の圧密試験は，粘性土地盤の載荷重による断続的な圧密で，地盤沈下の解析に必要な沈下量と時間の関係を測定する。**出る** ★★★

☐ 一軸圧縮試験は，自立する供試体を拘束圧が作用しない状態で圧縮し，圧縮応力の最大値である一軸圧縮強さ（qu）から原地盤の支持力の推定を行う。**出る** ★★★

☐ 土の含水比試験は，土を 110 ± 5℃で炉乾燥し，土の間げき中に含まれる水の量を求める試験で，土の締固め管理に活用される。

☐ 突固めによる土の締固め試験は，試料土の含水比を変化させて突き固め，締固め土の乾燥密度と含水比の関係を求める試験で，盛土の締固め管理に活用される。

例題1

土質試験における「試験名」とその「試験結果の利用」に関する次の組合せのうち，**適当でないもの**はどれか。

[試験名] [試験結果の利用]
1. 砂置換法による土の密度試験 ……… 地盤改良工法の設計
2. ポータブルコーン貫入試験 ……… 建設機械の走行性の判定
3. 土の一軸圧縮試験 ……… 原地盤の支持力の推定
4. コンシステンシー試験 ……… 盛土材料の適否の判断

解答 1

解説 1.の砂置換法による土の密度試験は，路盤等に穴を掘り，その穴に質量と体積がわかっている試験用砂を入れ，穴に入った砂の体積と，掘り出した土の質量から，掘り出した土の密度を調べる試験で，土の締固めの管理に用いられる。地盤改良工法の設計には，ボーリング孔を利用した透水試験等が用いられる。2.のポータブルコーン貫入試験は，円錐のコーンを地中に静的に貫入するもので，その圧入力から求められるコーン指数（qc）は，建設機械の走行性の判定に用いられる。3.の土の一軸圧縮試験は，自立する供試体を拘束圧が作用しない状態で圧縮し，圧縮応力の最大値である一軸圧縮強さ（qu）から支持力を推定する。4.のコンシステンシー試験は，土の液性限界と塑性限界の含水比を調べる試験で，盛土材料の選定に活用する。

例題2

標準貫入試験により求められる地盤情報に関する次の記述のうち，**適当でないもの**はどれか。
1. 支持層の位置の判定
2. 地盤の静的貫入抵抗値の判定
3. 砂質地盤の内部摩擦角の推定
4. 支持力の推定

解答 2

解説 標準貫入試験は，ボーリングロッド頭部に取り付けたノッキングブロックに，63.5kg ± 0.5kg の錘を 76cm ± 1cm の高さから落下させ，地盤に 30cm 貫入する打撃回数から N 値（地盤の硬さや締まり具合，支持層の位置を判定）を求める動的サウンディングである。

ボーリングロッドの先端にはスプリットバレル（縦に2分割できる鋼管で標準貫入試験用サンプラーともいう）が取り付けてあり，試験実施区間（深さ）から採取した土質試料より，土質や地質状態の目視確認，土質試験も行える。1.は適当である。2.の地盤の静的貫入抵抗値の判定は，スクリューウエイト貫入試験，ポータブルコーン貫入試験（コーンペネトロメーター）等，静的サウンディングで行う。3.の砂質地盤の内部摩擦角は，N値から推定可能である。4.の支持力の推定は，N値から換算が可能である。

02 建設機械

▶▶ **ババっとまとめ**
　土工作業の種類と使用する建設機械の名称，それぞれの建設機械が行える作業の特徴，及び建設機械の性能表示を覚える。

土工作業に使用する建設機械

☐ バックホゥは，硬い地盤の掘削ができ，機械の位置よりも低い場所の掘削に適し，基礎の掘削や垂直掘り，積込みや伐開・除根，溝掘り，法面仕上げなどに使用される。出る★★★

☐ ドラグラインは，ワイヤロープによってつり下げたバケットを手前に引き寄せて掘削する機械で，機械の位置より低い場所の掘削に適し，軟らかい地盤や水路の掘削，浚渫，砂利の採取等に使用される。出る★★★

☐ クラムシェルは，水中掘削，シールド工事の立坑掘削等，狭い場所での深い掘削や河床・海底の浚渫等の水中掘削に用いられる。出る★★★

☐ トレンチャは，小型の掘削用バケットをチェーンソーのように環状につなぎ，回転させて溝掘りを行う機械である。出る★★★

☐ ローディングショベルは，機械の位置よりも高い場所の掘削に適する。

☐ ブルドーザは，掘削・押土及び短距離の運搬（60m以下），整地，敷均し，締固めや伐開・除根に用いられる。出る★★★

☐ トラクタショベル（ローダ）は，トラクタ前面に装着したバケットで，土砂の掘削，積込み，短距離の運搬及び集積等に用いられる。出る★★★

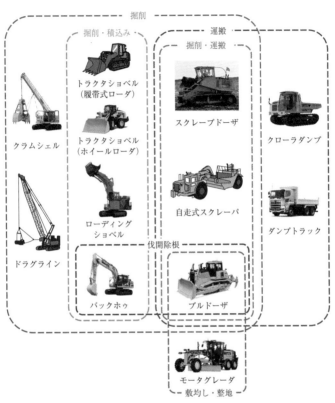

土工作業に使用する建設機械

各写真の出典は 275 ページに掲載

□ スクレーパは，土砂の掘削，積込み，中距離の運搬（被けん引
式スクレーパで 60〜400m，自走式スクレーパで 200〜
1,200m），敷均しを一連の作業として行うことができるが，
締固めはできない。**出る ★★★**

□ スクレープドーザは，ブルドーザとスクレーパの両方の機能を
備え，掘削，運搬，敷均しを行う機械で，狭い場所や軟弱地盤
での施工に使用される。

☐ モータグレーダは，車軸間のブレードによって地表等の軽切削，材料の混合，敷均し，整地等を行う機械である。路面の精密な仕上げに適しており，砂利道の補修，土の敷均しなどに用いられるが，締固め作業はできない。**出る ★★★**

締固め

タイヤローラ　　振動ローラ　　ロードローラ（マカダムローラ）

コンバインドローラ　　タンピングローラ　　ランマ　　振動コンパクタ

土の締固めに使用する機械

各写真の出典は 275 ページに掲載

☐ ロードローラは，アスファルト舗装や路盤・路床等の締固めに用いられる。**出る ★★★**

☐ タイヤローラは，接地圧の調節や自重を加減することができ，路盤等の締固めに使用される。**出る ★★★**

☐ 振動ローラは，ローラを振動させながら回転して路床や砂や砂利などの締固めを行う機械で，搭乗型が多く使用されている。**出る ★★★**

☐ タンピングローラは，ローラの表面に多数の突起を付けた機械で，アースダム，築堤，道路，飛行場などの厚層の土等の転圧に適している。

☐ ランマやタンパは，小型の締固め機械で大型機械で締固めができない，路肩や狭い場所等，小規模な締固めに適している。

建設機械の性能表示

☐ 建設機械の名称と性能表示方法

建設機械の名称	性能表示方法 （ ）は単位
ブルドーザ（スクレープドーザを含む）	質量（t）
バックホゥ，パワーショベル	機械式：平積みバケット容量（m³） 油圧式：山積みバケット容量（m³）
トラクタショベル（ローダ）	山積みバケット容量（m³）
クラムシェル	平積みバケット容量（m³）
ドラグライン	平積みバケット容量（m³）
スクレーパ	ボウル容量（m³）
モータグレーダ	ブレード長（m）
タイヤローラ，振動ローラ，ロードローラ， タンピングローラ	質量（t）
タンパ，振動コンパクタ	質量（kg）
ダンプトラック	最大積載重量（t）
クレーン	最大定格総荷重（t）

例題 1

R4 後期【No. 1】

土工の作業に使用する建設機械に関する次の記述のうち，**適当なも
の**はどれか。
1. バックホゥは，主に機械の位置よりも高い場所の掘削に用いられる。
2. トラクタショベルは，主に狭い場所での深い掘削に用いられる。
3. ブルドーザは，掘削・押土及び短距離の運搬作業に用いられる。
4. スクレーパは，敷均し・締固め作業に用いられる。

解答 3

解説 1.のバックホゥは，機械の設置地盤よりも低い場所の掘削に用いら
れる。2.のトラクタショベルは，トラクタ前面に装着したバケットで
地表面より上にある土砂等を掘削し，ダンプトラック等への積込み作
業に用いられ，地表面より下の掘削はできない。狭い場所での深い掘
削に用いられるのはクラムシェルである。3.のブルドーザは前面に
取り付けた排土板により，掘削，押土，60m 以下の短距離の運搬，整
地，敷均し，締固めや伐開・除根に用いられる。4.のスクレーパは，
土砂の掘削，積込み，中距離運搬，敷均しの作業を 1 台でこなせるが，
締固めはできない。

例題2

建設機械に関する次の記述のうち，**適当でないもの**はどれか。

1. ランマは，振動や打撃を与えて，路肩や狭い場所等の締固めに使用される。
2. タイヤローラは，接地圧の調節や自重を加減することができ，路盤等の締固めに使用される。
3. ドラグラインは，機械の位置より高い場所の掘削に適し，水路の掘削等に使用される。
4. クラムシェルは，水中掘削等，狭い場所での深い掘削に使用される。

1

土木一般

解答 3

解説 1.のランマは，エンジンの爆発による反力とランマ落下時の衝撃力で，土を締固める小型締固め機械である。構造物縁部等の狭い場所における局所的な締固めに用いられる。2.のタイヤローラは，矩形の断面の溝がないタイヤを使用し，バラスト積載による輪荷重の増加や，空気圧調整による接地圧の調整により，締固め力を変えることができる。3.のドラグラインは，ロープで保持されたバケットを旋回による遠心力で放り投げて，地面に沿って引き寄せながら掘削する機械で，機械の位置より低い場所の掘削に適し，砂利の採取等に使用される。4.のクラムシェルは，ロープにつり下げたバケットを自由落下させて土砂をつかみ取る建設機械で，シールド工事の立坑掘削，水中掘削等狭い場所での深い掘削に適している。

03 盛土の施工・法面保護工

▶▶ **パパっとまとめ**

　道路土工の盛土の締固め目的，盛土材料として望ましい条件，盛土の施工方法について理解する。また，法面保護工の「工種」とその「目的」について覚える。

盛土の施工

☐ 盛土の締固め目的は，完成後に求められる**強度，変形抵抗**及び**圧縮抵抗**を確保することである。

☐ 盛土の締固めの目的は，土の**空気間げき**を少なくすることにより，法面の**安定**や土の**支持力**の増加等を確保することである。

☐ 盛土の基礎地盤は，あらかじめ盛土完成後に**不同沈下**や**破壊**を生じるおそれがないか検討する。**出る★★★**

☐ 盛土の施工で重要な点は，盛土材料を水平に薄層でていねいに**均等**に敷き均すことと，盛土全体を**均等**に締め固めることである。**出る★★★**

☐ 盛土の敷均し厚さは，盛土の目的，材料の**粒度**，土質，**締固め機械**と施工法及び要求される**締固め度**等の条件に左右される。**出る★★★**

☐ 土の締固めでは，同じ土を同じ方法で締め固めても得られる土の密度は**含水比**により異なる。

☐ 盛土材料の自然含水比が施工含水比の範囲内にないときには，**含水量の調節**が必要となる。

☐ 盛土の締固めの効果や特性は，土の種類，**含水状態**及び**施工方法**によって大きく変化する。**出る★★★**

□ 盛土における構造物縁部の締固めは，ランマなど**小型**の締固め機械で入念に締め固める。 出る ★★★

□ 建設機械の**トラフィカビリティー**が得られない地盤では，適切な重量の施工機械の選定や，あらかじめ適切な**対策**を講じる。 出る ★★★

盛土材料

□ 道路土工の盛土材料として望ましい条件は，①粒度配合の良い**礫質土や砂質土**であること，②施工中に**間げき水圧**が発生しにくいこと，③敷均しや締固めが容易であること，④**重金属**などの有害な物質を溶出しないこと，⑤建設機械の**トラフィカビリティー**が確保しやすいこと，⑥盛土完成後の締固め**乾燥密度や**せん断強さが大きく，**圧縮性**が小さいこと，⑦水の吸着による**体積増加**が小さいことである。 出る ★★★

□ 構造物の裏込め部は，**非圧縮性で透水性**があり，締固めが容易で水の浸入による強度低下が少ない安定した材料を使用する。

法面保護工

法面保護工の「工種」とその「目的」の組合せ

［工種］	［目的］
□ 種子吹付け工 …………………	**凍上崩落**の抑制
□ ブロック積擁壁工 …………	**土圧**に対抗して崩壊防止
□ コンクリート張工 …………	岩盤のはく落防止
□ モルタル吹付け工 …………	表流水の**浸透**防止
□ 筋芝工 ………………………	**盛土**の浸食防止
□ 張芝工 ………………………	**切土面**の浸食防止

R5 前期【No. 3】

　道路における盛土の施工に関する次の記述のうち，**適当でないもの**はどれか。

1.　盛土の締固め目的は，完成後に求められる強度，変形抵抗及び圧縮抵抗を確保することである。
2.　盛土の締固めは，盛土全体が均等になるようにしなければならない。
3.　盛土の敷均し厚さは，材料の粒度，土質，施工法及び要求される締固め度等の条件に左右される。
4.　盛土における構造物縁部の締固めは，大型の機械で行わなければならない。

解答　4

解説　1.の盛土の締固めの目的は，①土の空気間げきを少なくして透水性を低下させ，水の浸入による軟化や膨張を小さくして，土を最も安定した状態にする，②盛土法面の安定や土の支持力の増加など，土の構造物として必要な強度特性が得られるようにする，③盛土完成後の圧密沈下などの変形を少なくすることである。2.は記述の通りである。3.の敷均し厚さは，盛土材料の粒度，土質，締固め機械，施工法及び要求される締固め度等の条件に左右される。4.の構造物縁部は，底部がくさび形になり，面積が狭く，締固め作業が困難となるため，小型の機械で入念に締め固める。

R5 後期【No. 3】

　道路土工の盛土材料として望ましい条件に関する次の記述のうち，**適当でないもの**はどれか。

1.　建設機械のトラフィカビリティーが確保しやすいこと。
2.　締固め後の圧縮性が大きく，盛土の安定性が保てること。
3.　敷均しが容易で締固め後のせん断強度が高いこと。
4.　雨水等の浸食に強く，吸水による膨潤性が低いこと。

解答　2

解説　道路土工の盛土材料の条件としては，建設機械のトラフィカビリティーが確保しやすく，敷均し・締固めが容易で締固め後のせん断強度が高く，圧縮性が小さく，雨水等の浸食に強いとともに，吸水による膨潤性（水を吸着して体積が増大する性質）が低いことが望ましい。

04 軟弱地盤対策工法

▶▶ **パパっとまとめ**

　軟弱地盤における改良工法は，圧密・排水工法，締固め工法，固結工法，構造物による対策工法に大別される。それぞれの工法に属する各種工法の概略と改良による効果を理解する。

圧密・排水工法

☐ プレローディング工法は，盛土等によってあらかじめ荷重を載荷して圧密を促進させ，その後，構造物を施工することにより構造物の沈下を軽減する載荷工法である。**出る★★★**

☐ サンドマット工法は，軟弱地盤表面に厚さ 0.5〜1.2m 程度の砂を敷設し，軟弱層の圧密のための上部排水の促進と，施工機械のトラフィカビリティーの確保を図る表層処理工法である。**出る★★★**

☐ バーチカルドレーン（サンドドレーン）工法は，軟弱地盤の鉛直方向に砂柱等の排水路を打設し，水平方向の排水距離を短くし，圧密時間を短縮する圧密・排水工法である。**出る★★★**

☐ ウェルポイント工法は，地下水位を低下させ，地盤の強度の増加を図る地下水位低下工法である。**出る★★★**

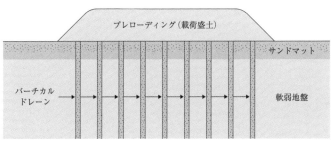

プレローディング工法，サンドマット工法，バーチカルドレーン工法

□ ディープウェル工法は**地下水位低下工法**であり，**透水性**の高い
地盤の改良に適している。

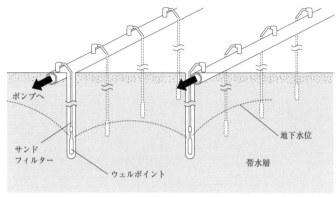

ポンプへ

サンド
フィルター

ウェルポイント

地下水位

帯水層

ウェルポイント工法

締固め工法

□ バイブロフローテーション工法は，バイブロフロット（棒状の
振動機）を水の噴射と振動で**緩い砂地盤**に貫入し，周囲に骨材
を投入して振動と**水締め**により地盤を締め固める工法である。
出る ★★★

□ サンドコンパクションパイル工法は，地盤内に鋼管を貫入して
管内に砂等を投入し，振動により締め固めた**砂杭**を造成する工
法である。**出る ★★★**

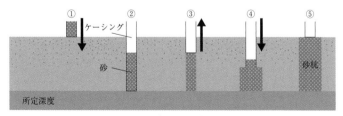

① ② ③ ④ ⑤

ケーシング

砂

砂杭

所定深度

サンドコンパクションパイル工法

固結工法

□ 石灰パイル工法は，軟弱地盤中に**生石灰**を柱状に打設し，その吸水による脱水や化学的結合によって**地盤の固結，含水比の低下**，地盤の強度・安定性を増加させ，沈下を減少させる固結工法である。出る★★★

□ 深層混合処理工法は，主としてセメント系の**固化材**を原位置の軟弱土と攪拌翼を用いて強制的に攪拌混合し，深層に至る強固な柱体状，ブロック状または壁状の**安定処理土**を形成する固結工法である。出る★★★

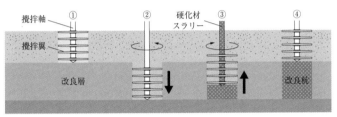

攪拌軸 ① ② 硬化材スラリー ③ ④
攪拌翼
改良層
改良杭

深層混合処理工法

□ 薬液注入工法は，土の間げきに薬液が浸透し，土粒子の結合で**透水性**の減少，地盤の**強度増加**及び**液状化**防止等を行う固結工法である。出る★★★

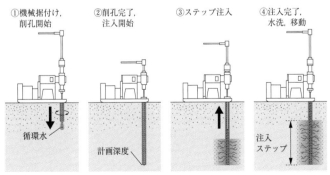

①機械据付け，削孔開始 ②削孔完了，注入開始 ③ステップ注入 ④注入完了，水洗，移動

循環水 計画深度 注入ステップ

薬液注入工法

□ 薬液注入工法は，周辺地盤等の沈下や隆起の監視が必要である。

構造物による対策工法

□ 押え盛土工法は，本体盛土に先行して側方に押え盛土を施工し，基礎地盤のすべり破壊に抵抗するモーメントを増加させて本体盛土のすべり破壊を防止する。出る★★★

例題

　軟弱地盤における次の改良工法のうち，締固め工法に該当するものはどれか。

1. ウェルポイント工法
2. 石灰パイル工法
3. バイブロフローテーション工法
4. プレローディング工法

解答 3

解説 1.のウェルポイント工法は，地下水位を低下させ，それまで受けていた浮力に相当する荷重を下層の軟弱層に載荷して圧密を促進するとともに地盤の強度増加を図る地下水位低下工法である。2.の石灰パイル工法は，軟弱地盤中に生石灰を柱状に打設し，その吸水による脱水や化学的結合によって地盤の固結，含水比の低下，地盤の強度・安定性を増加させ，沈下を減少させる固結工法である。3.のバイブロフローテーション工法は，棒状のバイブロフロットを砂質地盤中で振動させながら水を噴射し，水締めと振動により地盤を締め固め，同時に，生じた空隙に砂利等を補給して地盤を改良する締固め工法である。4.のプレローディング工法は，盛土や構造物の計画地盤に，あらかじめ盛土等で荷重を載荷して圧密を促進させ，その後，構造物を施工することにより構造物の沈下を軽減する載荷工法である。サンドマットが併用される。

01 コンクリート用語・コンクリートの配合設計

▶▶ **ババっとまとめ**

各種コンクリート用語を覚える。また，レディーミクストコンクリートの配合設計における留意点を理解する。各種コンクリートの特徴と施工における留意点についても理解する。

コンクリート用語 (JIS A 0203 : 2019)

☐ **ワーカビリティー**は，材料分離を生じさせることなく，運搬・打込み・締固め・仕上げ等の作業の容易さの程度を表す。

出る★★★

☐ **コンシステンシー**は，フレッシュコンクリート，フレッシュモルタル及びフレッシュペーストの変形または流動に対する抵抗性を表す。**出る★★★**

☐ **ポンパビリティー**は，ポンプ圧送性のことであり，フレッシュコンクリートまたはフレッシュモルタルを圧送するときの圧送の難易性を示す。

☐ **フィニッシャビリティー**は，コンクリートの打上り面を要求された平滑さに仕上げようとする場合，その作業性の難易を示す。

☐ **ブリーディング**は，コンクリートの打込み後，骨材等の沈降により練混ぜ水の一部が遊離してコンクリート表面に上昇する現象である。**出る★★★**

☐ **レイタンス**とは，コンクリート表面に水とともに浮かび上がって沈殿する脆弱な物質であり，コンクリートの強度や水密性に影響を及ぼす。**出る★★★**

- [ ] **スランプ**は，フレッシュコンクリートの軟らかさの程度を示す指標である。**出る** ★★★

- [ ] **水セメント比**とは，フレッシュコンクリートに含まれるセメントペースト中の水とセメントの質量比である。

- [ ] **かぶり**とは，鋼材あるいはシースの表面からコンクリート表面までの最短距離で計測したコンクリートの厚さである。

- [ ] **設計基準強度**とは，構造計算において基準とするコンクリートの強度で，一般に材齢 28 日における圧縮強度を基準とする。

- [ ] **材料分離抵抗性**とは，コンクリート中の材料が分離することに対する抵抗性である。**出る** ★★★

レディーミクストコンクリートの配合設計

- [ ] 単位水量の上限は 175kg/ ㎥を標準とし，所要の**ワーカビリティー**が得られる範囲内で，できるだけ少なくする。**出る** ★★★

- [ ] 水セメント比は，65%以下で，強度や耐久性等を満足する値の中から最も小さい値を選定する。

- [ ] スランプは，施工ができる範囲内で，できるだけ小さくなるようにする。

- [ ] 空気量は，練上がり時においてコンクリート容積の 4～7%程度とするのが一般的であるが，長期的に凍結融解作用を受けるような場合には，所要の強度を満足することを確認したうえで 6%程度とする。

- [ ] 細骨材率は，施工が可能な範囲内で，**単位水量**ができるだけ小さくなるように設定する。

- [ ] 締固め作業高さが高い場合は，最小スランプの目安を**大きく**する。

- [ ] 一般に鉄筋量が少ない場合は，最小スランプの目安を**小さく**する。

例題 1

　フレッシュコンクリートに関する次の記述のうち，**適当でないもの**はどれか。
1.　スランプとは，コンクリートの軟らかさの程度を示す指標である。
2.　材料分離抵抗性とは，コンクリートの材料が分離することに対する抵抗性である。
3.　ブリーディングとは，練混ぜ水の一部の表面水が内部に浸透する現象である。
4.　ワーカビリティーとは，運搬から仕上げまでの一連の作業のしやすさのことである。

解答 3
解説 1.のスランプは，スランプコーンを引き上げた直後に測った頂部からの下がりで表す。2.の材料分離抵抗性は，単位セメント量あるいは単位粉体量を適切に設定することによって確保する。3.のブリーディングは，コンクリートの打込み後，骨材等の沈降又は分離によって，練混ぜ水の一部が遊離してコンクリート表面に上昇する現象である。4.のワーカビリティーは，材料分離を生じることなく，運搬，打込み，締固め，仕上げ等の作業のしやすさのことである。

例題 2

　コンクリートの配合設計に関する次の記述のうち，**適当でないもの**はどれか。
1.　打込みの最小スランプの目安は，鋼材の最小あきが小さいほど，大きくなるように定める。
2.　打込みの最小スランプの目安は，締固め作業高さが大きいほど，小さくなるように定める。
3.　単位水量は，施工が可能な範囲内で，できるだけ少なくなるように定める。
4.　細骨材率は，施工が可能な範囲内で，単位水量ができるだけ少なくなるように定める。

解答 2

解説 コンクリートのスランプ試験方法は，JIS A 1101：2005 に規定されている。1. は記述の通りである。2. の打込みの最小スランプの目安は，締固め作業高さが大きいほど，大きくする。3. の単位水量は，所要のワーカビリティーが得られる範囲内で，できるだけ少なくする。4. の細骨材率は，一般に小さいほど同じスランプのコンクリートを得るのに必要な単位水量は減少する傾向にあり，それに伴い単位セメント量の低減も図れることから経済的なコンクリートとなる。なお，次表に壁部材における打込みの最小スランプの目安を示す。

壁部材における打込みの最小スランプの目安（cm）

鋼材量	鋼材の最小あき	締固め作業高さ		
		3m未満	3m以上 5m未満	5m以上
200kg/m³ 未満	100mm 以上	8	10	15
	100mm 未満	10	12	
200kg/m³ 以上 350kg/m³ 未満	100mm 以上	10	12	
	100mm 未満	12	12	
350kg/m³ 以上	−	15		

02 コンクリートの材料

▶▶ **パパっとまとめ**

コンクリート用混和材料の種類とその作用・効果，セメントの性質と各種セメントについて理解する。またコンクリート骨材に求められる品質や性質についても理解する。

コンクリート用混和材料

☐ AE 剤は，フレッシュコンクリート中に微小な独立したエントレインドエアを均等に連行することにより，①ワーカビリティーの改善，②耐凍害性の向上，③ブリーディング，レイタンスの減少といった効果が期待できる。出る ★★★

☐ AE 減水剤は，AE 剤と減水剤の両方の効果が期待できる混和剤であり，ワーカビリティーや耐凍害性等の改善，所要の単位水量及び単位セメント量を低減させる効果がある。

☐ 防錆剤は，塩化物イオンによる鉄筋の腐食を抑制させる。
出る ★★★

☐ 減水剤は，コンクリートの単位水量を減らすことができ，単位水量を変えなければコンクリートの流動性を高められる。

☐ 流動化剤は，あらかじめ練り混ぜられたコンクリートに添加し，攪拌することによって流動性を増大させる効果がある。
出る ★★★

☐ フライアッシュを適切に用いると，ワーカビリティーを改善して単位水量を減らすことができ，水和熱による温度上昇の低減，長期材齢における強度増進，乾燥収縮の減少，水密性や化学抵抗性の向上など，優れた効果が期待できる。出る ★★★

- □ シリカフュームでセメントの一部を置換したコンクリートは，材料分離が生じにくい，ブリーディングが小さい，強度増加が著しい，水密性や化学抵抗性が向上するなどの利点がある。

- □ 高炉スラグ微粉末には，水和熱の発生速度を遅くしたり，コンクリートの長期強度の増進，水密性の向上，化学抵抗性の改善，アルカリシリカ反応の抑制などの効果がある。

- □ 膨張材は，水和反応によってモルタルまたはコンクリートを膨張させる作用があり，適切に用いると，乾燥収縮や硬化収縮などに起因するひび割れの発生を低減したり，コンクリートに生ずる膨張力を鉄筋などで拘束し，ケミカルプレストレスを導入してひび割れ耐力を向上できる。

セメント

- □ セメントは，風化すると密度が小さくなる。

- □ 粉末度は，セメント粒子の細かさを示すもので，粉末度の高いものほど水和作用が早くなる。

- □ セメントは，水と接すると水和熱を発しながら徐々に硬化していく。

- □ 早強ポルトランドセメントは，強度の発現が，普通ポルトランドセメントより早くなるように調整されたポルトランドセメントであり，プレストレストコンクリート工事に適している。

- □ 中庸熱ポルトランドセメントは，水和熱が普通ポルトランドセメントより小さくなるように調整されたポルトランドセメントであり，ダム工事等のマスコンクリートに適している。

- □ 高炉セメントB種は，高炉スラグ微粉末を用いた混合セメントであり，普通ポルトランドセメントより初期強度は低いが，長期強度が期待できる。

コンクリート用骨材

☐ 骨材の粒度は，粗粒率で表され，粗粒率が**大きいほど粒度が粗い**。出る ★★★

☐ 骨材の粒形は，偏平や細長ではなく**球形に近いほど流動抵抗が**少なく，**ワーカビリティー**が向上する。

☐ 吸水率が大きい骨材は一般的に**多孔質で強度が小さく，多孔質**な粒子はコンクリートの**耐凍害性**を損なう原因となる。

☐ 骨材に有機不純物が多く混入していると，コンクリートの**凝結**や強度等に悪影響を及ぼす。

☐ すりへり減量が大きい骨材を用いたコンクリートは，コンクリートのすりへり抵抗性が低下する。

☐ 粗骨材の粒度は，細骨材の粒度と比べてコンクリートのワーカビリティーに及ぼす影響は小さい。

☐ コンクリート骨材の性質は，含水の状態によって図のように区分されるが，コンクリートの配合の基本となる骨材の状態は**表面乾燥飽水状態（表乾状態）**である。

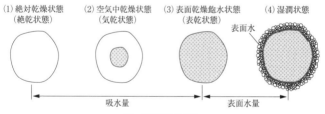

図　骨材の含水状態

出典：平成 26 年度　2 級土木施工管理技術検定学科試験 No.5

例題 1

コンクリートの耐凍害性の向上を図る混和剤として**適当なもの**は，次のうちどれか。

1. 流動化剤
2. 収縮低減剤
3. AE 剤
4. 鉄筋コンクリート用防錆剤

解答 3

解説 1.の流動化剤は，あらかじめ練り混ぜられたコンクリートに添加し，攪拌することによって流動性を増大させる効果がある。2.の収縮低減剤は，コンクリートに 5〜10kg/m³ 程度添加することでコンクリートの乾燥収縮ひずみを 20〜40%程度低減できるが，凝結遅延，強度低下及び凍結融解抵抗性の低下等を引き起こす場合がある。3.の AE 剤は，フレッシュコンクリート中に微少な独立したエントレインドエアを均等に連行することにより，①ワーカビリティーの改善，②耐凍害性の向上，③ブリーディング，レイタンスの減少といった効果が期待できる。4.の鉄筋コンクリート用防錆剤は，海砂中の塩分に起因する鉄筋の腐食を抑制する目的でコンクリートに添加される混和剤であり，不動態皮膜形成形防錆剤，沈殿皮膜形成形防錆剤，吸着皮膜形成形防錆剤の 3 つに分類される。

例題 2

コンクリートで使用される骨材の性質に関する次の記述のうち，**適当でないもの**はどれか。

1. すりへり減量が大きい骨材を用いると，コンクリートのすりへり抵抗性が低下する。
2. 骨材の粗粒率が大きいほど，粒度が細かい。
3. 骨材の粒形は，扁平や細長よりも球形がよい。
4. 骨材に有機不純物が多く混入していると，コンクリートの凝結や強度等に悪影響を及ぼす。

解答 2

解説 1.のすりへり減量は，骨材の耐摩耗性（すりへり抵抗性）を判定するすりへり試験によって測定され，舗装やダムコンクリートの骨材は，すりへり減量が小さい（すりへり抵抗性が高い）ものが要求される。

2. の粒度とは，骨材の大小粒の混合の程度をいい，JIS A 1102 によるふるい分け試験結果から，粗粒率や粒度曲線によって表される。粗粒率（F.M.）とは，80，40，20，10，5，2.5，1.2，0.6，0.3，0.15mm の各ふるいにとどまる質量分率（%）の和を 100 で除した値であり，粗粒率が大きいほど粒度が粗い。3. の骨材の粒形は，球形に近いほど流動抵抗が少なく，ワーカビリティーが向上する。骨材の粒形判定には実積率が用いられ，実積率が大きいほど球形に近い。4. の有機不純物（フミン酸やタンニン酸等）は，コンクリートの凝結を妨げ，強度や耐久性を低下させる。

03 コンクリートの施工

 ババっとまとめ

　型枠・支保工の施工，鉄筋の加工及び組立における留意点を理解する。コンクリートの施工については，締固め時間や打ち重ね時間間隔等の数値を覚え，また施工に関する留意事項を理解する。

スランプ試験 (JIS A 1101：2005)

☐ コンクリートの**コンシステンシー**を測定する試験である。

☐ 高さ 30cm のスランプコーンを使用する。

☐ コンクリートをほぼ等しい量の 3 層に分けてスランプコーンに詰め，各層を突き棒で 25 回ずつ一様に突く。

☐ スランプは，スランプコーンに詰めたコンクリートの上面を均らした後，スランプコーンを静かに引き上げ，コンクリートの中央部で下がりを 0.5cm 単位で測定する。

型枠・支保工の施工

☐ 型枠内面には，**はく離剤**を塗布することにより型枠の取外しを容易にする。出る★★★

☐ コンクリートの側圧は，構造物条件，コンクリート条件及び施工条件により**変化する**。

☐ 型枠の取外しは，比較的荷重を**受けない**部分をまず取り外し，その後に残りの重要な部分を取り外す。

☐ 型枠のすみの面取り材設置は，供用中のコンクリートのかどの破損を防ぐ効果がある。

鉄筋の加工及び組立

□ 鉄筋は，常温で加工することを原則とする。

□ 曲げ加工した鉄筋の曲げ戻しは行わないことを原則とする。

□ 鉄筋どうしの交点の要所は，直径 0.8mm 以上の焼なまし鉄線で結束する。

□ 組立後に鉄筋を長期間大気にさらす場合は，鉄筋表面に防錆処理を施す。出る★★★

□ 鉄筋の継手箇所は，同一の断面に集中しないよう相互にずらして設けることを原則とする。

□ 型枠に接するスペーサは，原則としてモルタル製あるいはコンクリート製を使用する。出る★★★

コンクリートの施工

□ 型枠内にたまった水は，コンクリートの品質や一体性を損ねる可能性があるため打込み前に除去する。

□ コンクリートと接して吸水のおそれのある型枠は，あらかじめ湿らせておく。出る★★★

□ 現場内でコンクリートを運搬する場合，バケットをクレーンで運搬する方法は，コンクリートに振動を与えることが少なく，材料分離を少なくできる方法である。

□ コンクリートを練り混ぜてから打ち終わるまでの時間は，外気温が 25℃を超えるときは 1.5 時間以内，25℃以下のときは 2 時間以内を標準とする。出る★★★

□ コンクリートを打ち込む際は，打上がり面が水平になるように打ち込み，1 層当たりの打込み高さを 40〜50cm 以下とする。出る★★★

☐ 高所からのコンクリートの打込みは，原則として縦シュートとするが，やむを得ず斜めシュートを使う場合には材料分離を起こさないよう使用する。

☐ 打ち込んだコンクリートは，型枠内で横移動させてはならない。コンクリートを横移動すると材料分離の原因となる。

☐ コンクリートの締固めには，棒状バイブレータ（内部振動機）を用いることを原則とする。

☐ 内部振動機で締固めを行う際の挿入時間の標準は5〜15秒程度とし，振動機の引抜きは徐々に行い，後に穴が残らないようにする。 出る★★★

☐ 棒状バイブレータの挿入間隔は，一般に50cm以下にする。

☐ コンクリート打込み中に表面にたまったブリーディング水は，ひしゃくやスポンジなどで取り除く。

☐ コンクリートを2層以上に分けて打ち込む場合は，コールドジョイントが発生しないよう，外気温が25℃を超えるときの許容打重ね時間間隔は2時間以内，25℃以下の場合2.5時間とする。 出る★★★

☐ コンクリートを打ち重ねる場合は，棒状バイブレータを下層のコンクリート中に10cm程度挿入する。 出る★★★

☐ 再振動を行う場合には，コンクリートの締固めが可能な範囲でできるだけ遅い時期がよい。

☐ 養生では，散水，湛水，湿布で覆う等して，コンクリートを一定期間湿潤状態に保つことが重要である。

☐ 混合セメントの湿潤養生期間は，早強ポルトランドセメントよりも長くする。なお，湿潤養生期間は，次表の通りである。

湿潤養生期間の標準

日平均気温	早強ポルトランド セメント	普通ポルトランド セメント	混合セメントB種
15℃以上	3日	5日	7日
10℃以上	4日	7日	9日
5℃以上	5日	9日	12日

例題 1　　　　　　　　　　　　　　　　　H30 前期【No. 8】

　鉄筋の組立と継手に関する次の記述のうち，**適当でないもの**はどれか。

1.　型枠に接するスペーサは，モルタル製あるいはコンクリート製を原則とする。
2.　組立後に鉄筋を長期間大気にさらす場合は，鉄筋表面に防錆処理を施す。
3.　鉄筋の重ね継手は，焼なまし鉄線で数箇所緊結する。
4.　鉄筋の継手は，大きな荷重がかかる位置で同一断面に集めるようにする。

解答　4

解説　1.のスペーサは，梁，床版等で 1m² 当たり 4 個程度，ウェブ，壁及び柱で 1m² 当たり 2〜4 個程度配置する。2.は記述の通りである。3.の鉄筋の重ね継手の重合せ長さは，鉄筋直径の 20 倍以上とする。4.の鉄筋の継手は，応力の小さいところで，かつ常時はコンクリートに圧縮応力が生じている部分に設け，同一断面に集中して設けない。継手位置を相互にずらす距離は，継手の長さに鉄筋直径の 25 倍を加えた長さ以上を標準とする。

コンクリートの施工に関する次の記述のうち，**適当でないもの**はどれか。

1. コンクリートを打ち重ねる場合には，上層と下層が一体となるように，棒状バイブレータ（内部振動機）を下層のコンクリートの中に10cm程度挿入する。

2. コンクリートを打ち込む際は，打上がり面が水平になるように打ち込み，1層当たりの打込み高さを40〜50cm以下とする。

3. コンクリートの練混ぜから打ち終わるまでの時間は，外気温が25℃を超えるときは1.5時間以内とする。

4. コンクリートを2層以上に分けて打ち込む場合は，外気温が25℃を超えるときの許容打重ね時間間隔は3時間以内とする。

解答 4

解説 1.と2.は記述の通りである。3.のコンクリートの練混ぜから打ち終わるまでの時間は，25℃を超えるときで1.5時間以内，外気温が25℃以下のときで2時間以内とする。4.のコンクリートを2層以上に分けて打ち込む場合は，**外気温が25℃を超えるときの許容打重ね時間間隔は2時間以内**，25℃以下の場合2.5時間とする。

01 既製杭の施工

▶▶ **パパっとまとめ**

打撃工法の施工における留意点とその杭打ち機の特徴，中掘り杭工法，プレボーリング杭工法の施工における留意点とその特徴を理解する。

打撃工法

□ 群杭の場合，杭群の周辺から**中央部**に向かって打ち進むと地盤が締まり打込み困難となるので，**中央部の杭から周辺**に向かって打ち進むのがよい。 出る ★★★

□ 既製杭の杭頭部を**ドロップハンマ**や**油圧ハンマ**等で打撃して地盤に貫入させる。

□ 施工時に動的支持力が確認できる。

□ 打込みに際しては，**試し打ち**を行い，杭心位置や角度を確認した後に**本打ち**に移るのがよい。

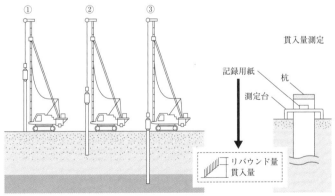

打撃工法

□ 打込み途中で一時休止すると，時間の経過とともに杭周面の摩擦が増加し，打込みが困難となるため連続して行う。 出る ★★★
打込み精度は，建込み精度により大きく左右される。

□ 杭の貫入量とリバウンド量により支持力の確認が可能である。

□ バイブロハンマ工法は，打止め管理式などにより，簡易に支持力の確認が可能である。

□ バイブロハンマ工法は，中掘り杭工法に比べて騒音・振動が大きい。 出る ★★★

□ プレボーリング杭工法に比べて杭の支持力が大きい。

□ プレボーリング杭工法に比べて大きな騒音・振動を伴う。

打撃工法の杭打ち機の特徴

□ ディーゼルハンマは，2サイクルのディーゼル機関であり，シリンダー内でラムの落下，空気の圧縮，燃料の噴射，爆発により杭を打ち込むため，打撃力が大きく，騒音・振動と油の飛散を伴う。

□ バイブロハンマは，振動機を既製杭の杭頭部に取り付けて，振動と振動機・杭の重量によって，杭を地盤に貫入させる。

□ 油圧ハンマは，ラムの落下高さを任意に調整できるため，打込み時の打撃力の調整が容易であり，杭打ち時の騒音を小さくできる。

□ 油圧ハンマは，構造自体の特徴から油煙の飛散もなく，低公害型ハンマとして使用頻度が高い。

□ ドロップハンマは，ハンマを落下させて打ち込むが，ハンマの重量は杭の重量以上あるいは杭1m当たりの重量の10倍以上が望ましい。

□ ドロップハンマは，ハンマの重心が低く，杭軸と直角にあたるものでなければならない。

□ ドロップハンマは，ハンマの重量が異なっても落下高さを変えることで，同じ打撃力を得ることができる。

中掘り杭工法

□ 杭の支持力は，一般に打撃工法に比べて小さい。

□ 一般に打撃工法に比べて隣接構造物に対する影響が小さい。

□ 地盤の掘削は，一般に先端開放の既製杭の内部にスパイラルオーガ（アースオーガ）等を通して掘削する。出る★★★

□ 掘削，沈設中は，先端地盤の緩みを最小限に抑えるため，過大な先掘り及び拡大掘りを行ってはならない。出る★★★

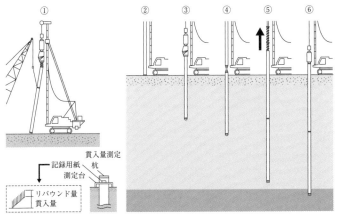

中掘り杭工法（最終打撃方式）

- ☐ 杭の沈設方法には，掘削と同時に杭体を**回転**させながら**圧入**させる方法がある。

- ☐ 先端処理方法は，**セメントミルク噴出攪拌方式**とハンマで打ち込む**最終打撃方式**，**コンクリート打設方式**がある。**出る ★ ★ ★**

- ☐ 最終打撃方式では，打止め管理式により**支持力**を推定することが可能である。

- ☐ セメントミルク噴出攪拌方式の杭先端根固部の築造では，所定の形状となるよう工法ごとに決められた施工手順で**先掘り**及び**拡大掘り**を行う。

- ☐ 泥水処理，排土処理が必要である。

プレボーリング杭工法

- ☐ 孔内を泥土化し孔壁の崩壊を防ぎながら掘削する。

- ☐ あらかじめ杭径より大きな**ソイルセメント状**の掘削孔を築造して杭を**沈設**する。

- ☐ 杭径より**大きな穴**を掘削後，**根固め液**を掘削先端部へ注入し，オーガを引き抜きながら**杭周固定液**を注入し，掘削孔に既製杭を沈設し，**圧入**または**打撃**により根固め液中に定着させる工法である。

- ☐ 杭の支持力を確保するためには，**根固め**にセメントミルクを注入する方法もある。

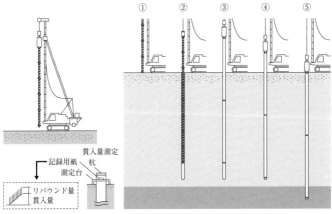

プレボーリング杭工法（最終打撃方式）

R5 前期【No. 9】

　打撃工法による既製杭の施工に関する次の記述のうち，**適当でない**ものはどれか。
1. 群杭の場合，杭群の周辺から中央部へと打ち進むのがよい。
2. 中掘り杭工法に比べて，施工時の騒音や振動が大きい。
3. ドロップハンマや油圧ハンマ等を用いて地盤に貫入させる。
4. 打込みに際しては，試し打ちを行い，杭心位置や角度を確認した後に本打ちに移るのがよい。

解答　1

解説　1. の群杭の場合，杭群の周辺から中央部に打ち進むと地盤が締まり打込み困難となるので，中央部の杭から周辺に向かって打ち進む。
2. の中掘り杭工法は，中空の既製杭の内部にスパイラルオーガなどを通して地盤を掘削し，土砂を排出しながら杭を沈設するため，打撃工法に比べて騒音・振動が小さく，隣接構造物に対する影響が小さい。
3. は記述の通りである。4. の打込みに際しては，初期段階での打込みが全体の打込み精度を決定するので，試し打ちを行い，杭心位置や角度を確認した後に本打ちに移るのがよい。

既製杭の中掘り杭工法に関する次の記述のうち，**適当でないもの**はどれか。

1. 地盤の掘削は，一般に既製杭の内部をアースオーガで掘削する。
2. 先端処理方法は，セメントミルク噴出撹拌方式とハンマで打ち込む最終打撃方式等がある。
3. 杭の支持力は，一般に打込み工法に比べて，大きな支持力が得られる。
4. 掘削中は，先端地盤の緩みを最小限に抑えるため，過大な先掘りを行わない。

解答 3

解説 1.の地盤の掘削は，中空の既製杭の内部にアースオーガ（スパイラルオーガ）を通して地盤を掘削し，土砂を排出しながら杭を沈設するので，一般に打込み杭工法に比べて騒音・振動が小さく，隣接構造物に対する影響が小さい。2.の先端処理方法には，杭先端部の地盤にセメントミルクを噴出し，撹拌混合して根固部を築造するセメントミルク噴出撹拌方式，ハンマで打ち込む最終打撃方式，および杭先端の杭体内にコンクリートを打設するコンクリート打設方式の3つに分類できる。3.の杭の支持力は，一般に打込み工法に比べて小さい。4.は記述の通りである。

02 場所打ち杭の施工

▶▶ **パパっとまとめ**

　リバースサーキュレーション工法，アースドリル工法，オールケーシング工法（ベノト工法），深礎工法の施工方法について理解する。また，場所打ち杭工法の特徴を理解する。

場所打ち杭工法

□ リバースサーキュレーション工法は，スタンドパイプを建て込み，孔内水位を地下水位より 2m 以上高く保持し，水の圧力で孔壁を保護しながら，ビットで掘削した土砂を，ドリルパイプを介して泥水とともに吸上げ排土する。水は再び杭穴に循環させて連続的に掘削する。**出る★★★**

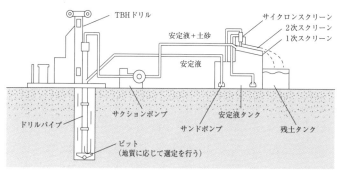

リバースサーキュレーション工法

□ アースドリル工法は，表層ケーシングを建て込み，孔内に注入した安定液（ベントナイト水）の水圧で孔壁を保護しながら，ドリリングバケット（アースドリル）で掘削・排土する。掘削完了後に鉄筋建込みを行い，トレミー管によるコンクリート打込み後，表層ケーシングを抜き取り，杭を造成する。**出る★★★**

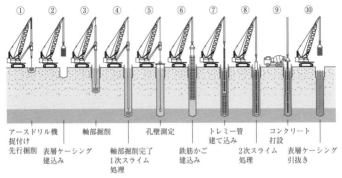

| ① | ② | ③ | ④ | ⑤ | ⑥ | ⑦ | ⑧ | ⑨ | ⑩ |

アースドリル機
据付け
先行掘削

表層ケーシング
建込み

軸部掘削

軸部掘削完了
1次スライム
処理

孔壁測定

鉄筋かご
建込み

トレミー管
建て込み

2次スライム
処理

コンクリート
打設

表層ケーシング
引抜き

アースドリル工法

□ オールケーシング工法（ベノト工法）は，杭全長にわたり**ケーシングチューブを回転（揺動）圧入**し，**ケーシングチューブと孔内水により孔壁を保護**しながら**ハンマグラブ**で掘削・排土する。掘削完了後に鉄筋かごを建て込み，**トレミー管**によりコンクリートを打設しながら**ケーシングチューブを引き抜き**，杭を築造する。出る★★★

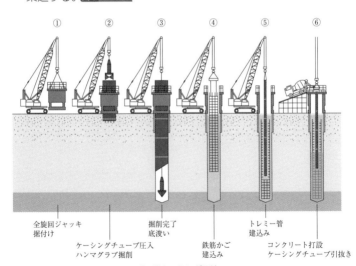

| ① | ② | ③ | ④ | ⑤ | ⑥ |

全旋回ジャッキ
据付け

ケーシングチューブ圧入
ハンマグラブ掘削

掘削完了
底浚い

鉄筋かご
建込み

トレミー管
建込み

コンクリート打設
ケーシングチューブ引抜き

オールケーシング工法

□ 深礎工法は，掘削孔の全長にわたり**ライナープレート（土留め材）**を用いて孔壁の崩壊を防止しながら，**人力**または**機械**で掘削する。 出る ★★★

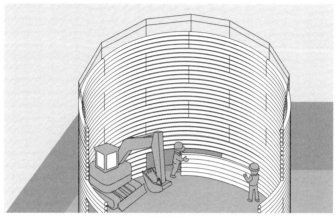

深礎工法

場所打ち杭工法の特徴

□ 施工時の騒音と振動は，打撃工法に比べて**小さい**。 出る ★★★

□ 大口径の杭の施工により，大きな**支持力**が得られる。 出る ★★★

□ 杭材料の運搬等の取扱いや長さの調節が**容易**である。 出る ★★★

□ 掘削土により，中間層や支持層の土質が**確認できる**。 出る ★★★

例題 1   R5 後期【No.10】

　場所打ち杭の施工に関する次の記述のうち，**適当なもの**はどれか。
1.　オールケーシング工法は，ケーシングチューブを土中に挿入して，ケーシングチューブ内の土を掘削する。
2.　アースドリル工法は，掘削孔に水を満たし，掘削土とともに地上に吸い上げる。

3. リバースサーキュレーション工法は，支持地盤を直接確認でき，孔底の障害物の除去が容易である。
4. 深礎工法は，ケーシング下部の孔壁の崩壊防止のため，ベントナイト水を注入する。

解答 1

解説 1.のオールケーシング工法は，杭全長にわたりケーシングチューブを回転圧入し，孔壁を保護しながらハンマグラブで掘削・排土する。2.のアースドリル工法は，表層ケーシングを建て込み，孔内に注入した安定液の水圧で孔壁を保護しながら，ドリリングバケットで掘削・排土する。3.のリバースサーキュレーション工法は，スタンドパイプを建て込み，掘削孔に満たした水の圧力で孔壁を保護しながら，水を循環させて削孔機で掘削した土砂をドリルパイプを介して泥水とともに吸上げ排土するため，支持地盤を直接確認できない。4.の深礎工法は，掘削孔の全長にわたりライナープレートを用いて孔壁の崩壊を防止しながら，人力または機械で掘削する。

例題2

R4 後期【No. 10】

場所打ち杭工法の特徴に関する次の記述のうち，**適当でないもの**はどれか。
1. 施工時における騒音と振動は，打撃工法に比べて大きい。
2. 大口径の杭を施工することにより，大きな支持力が得られる。
3. 杭材料の運搬等の取扱いが容易である。
4. 掘削土により，基礎地盤の確認ができる。

解答 1

解説 場所打ち杭工法には次の特徴がある。1.施工時の打撃や振動が少ないので，騒音・振動は既製杭工法の打撃工法に比べて小さい。2.機械掘削のため，大口径の杭の施工が可能であり，大きな支持力が得られる。3.現場打ちの杭のため，杭材料の運搬等の取扱いや長さの調節が容易である。4.中間層や支持層（基礎地盤）の土質が掘削時に目視で確認できる。

03 土留め

▶▶ **パパっとまとめ**

土留めの部材名称を覚える。また各種土留め壁の種類と特徴を理解する。

土留め工法

□ 自立式土留め工法は，支保工を必要としない工法である。

□ 切りばり式土留め工法には，中間杭や火打ちばりを用いるものがある。

□ アンカー式土留め工法は，引張材を用いる工法である。

□ 土留め工の部材名称 **出る★★★**

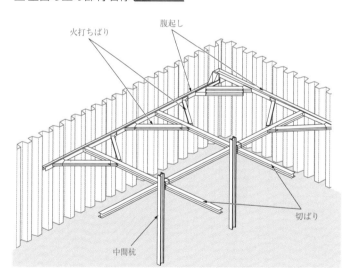

火打ちばり
腹起し
切ばり
中間杭

土留め壁の種類と特徴

☐ 連続地中壁は，剛性が大きく，止水性を有し，あらゆる地盤に適用できることから，大規模な開削工事に用いられるが，他に比べ経済的とはいえない。**出る**★★★

☐ 鋼矢板は，止水性が高く，地下水位の高い地盤に適し，施工は比較的容易である。**出る**★★★

☐ 柱列杭は，剛性が大きく，深い掘削に適する。**出る**★★★

☐ 親杭・横矢板は，止水性が劣るため，地下水のない地盤に適し，施工は比較的容易である。**出る**★★★

☐ 軽量鋼矢板壁は，止水性が良くないので地山が比較的良好で小規模な開削工事に用いられる。

ボイリング，ヒービング，パイピング

☐ ボイリングとは，砂質地盤で地下水位以下を掘削したときに，砂が吹き上がる現象である。

☐ ヒービングとは，軟弱な粘土質地盤を掘削したときに，土留め壁背面の土が掘削面に回り込み，掘削底面が隆起する現象である。

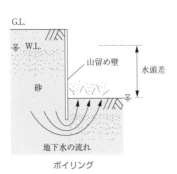

ボイリング

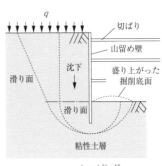

ヒービング

□ パイピングとは，砂質土の弱いところを通ってボイリングがパイプ状に生じる現象である。

例題1

下図に示す土留め工の（イ），（ロ）の部材名称に関する次の組合せのうち，**適当なもの**はどれか。

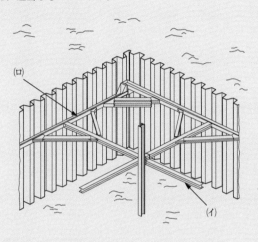

	（イ）	（ロ）
1.	腹起し	中間杭
2.	腹起し	火打ちばり
3.	切ばり	腹起し
4.	切ばり	火打ちばり

解答 3

解説 図の（イ）は**切ばり**，（ロ）は腹起しである。腹起しは，連続的な土留め壁を押さえるはりであり，切ばりは，腹起しを介して土留め壁を相互に支えるはりである。中間杭は切ばりの座屈防止のために設けられるが，覆工からの荷重を受ける中間杭を兼ねてもよい。火打ちばりは，腹起しと切ばりの接続部や隅角部に斜めに入れるはりで，構造計算では土圧が作用する腹起しのスパンや切ばりの座屈長を短くすることができる。

　土留め壁の「種類」と「特徴」に関する次の組合せのうち，**適当な**
ものどれか。

　　　　　　［種類］　　　　　　　　　　　　　［特徴］
1.　連続地中壁 …………　あらゆる地盤に適用でき，他に比べ経済的
　　　　　　　　　　　　　である。
2.　鋼矢板 ………………　止水性が高く，施工は比較的容易である。
3.　柱列杭 ………………　剛性が小さいため，浅い掘削に適する。
4.　親杭・横矢板 ………　地下水のある地盤に適しているが，施工は
　　　　　　　　　　　　　比較的難しい。

解答　2

解説　1.の連続地中壁は，止水性がよく掘削底面以下の根入れ部の連続性
が保たれ剛性が大きいため，適用地盤の範囲が広く，大規模な開削工
事や重要構造物の近接工事などに用いられる。また，そのまま躯体と
して使用できるが，作業に時間を要することや支障物の移設など，他に
比べて経済的とはいえない。2.の鋼矢板は，継手が強固で止水性が高
く，根入れ部の連続性が保たれるため，地下水位の高い地盤や軟弱な
地盤に用いられ，施工も比較的容易である。3.の柱列杭は，モルタル
柱など地中に連続して構築するため，剛性が大きく，深い掘削に適す
るが，工期・工費の面で不利である。4.の親杭・横矢板は，良質地盤
における標準工法であり施工も比較的容易であるが，止水性がなく根
入れ部が連続していないため，地下水位の高い地盤や軟弱地盤では補
助工法が必要となることがある。

2

第 2 章

専門土木

01 鋼材

▶▶ パパっとまとめ

　　鋼材の応力度とひずみ曲線の各部の名称を覚える。また各種鋼材の特性と用途を理解する。

鋼材の応力度とひずみの関係 出る★★★

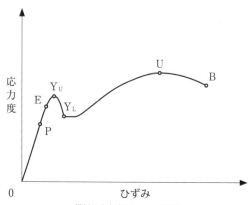

鋼材の応力度とひずみの関係

出典：令和5年度　2級土木施工管理技術検定第一次検定（前期）試験問題 No.12

☐ 点Pは，応力度とひずみが比例する最大限度（**比例限度**）である。

☐ 点Eは，弾性変形をする最大限度（**弾性限度**）である。

☐ 点Y_Uは，応力度が増えないのにひずみが急増しはじめる**上降伏点**である。

☐ 点Y_Lは，応力度が急減少し，ひずみが増加する**下降伏点**である。

☐ 点Uは，応力度が最大となる最大応力度（**引張強さ**）である。

☐ 点Bは，**破壊点（破断点）**である。

鋼材の特性，用途

☐ 鋼材は，強さや伸びに優れ，加工性も良く，土木構造物に欠くことのできない材料である。

☐ 鋼材は，応力度が弾性限度に達するまでは弾性を示すが，それを超えると塑性を示す。

☐ 継続的な荷重の作用による摩耗は，鋼材の耐久性を劣化させる原因になる。

☐ 鋼材は，気象や化学的な作用による腐食により劣化する。

☐ 炭素鋼は，炭素含有量が少ないほど延性や展性は向上するが，硬さや強さは低下する。

☐ 低炭素鋼は，延性，展性に富み，橋梁等に広く用いられる。

☐ 高炭素鋼は，表面硬さが必要なキー，ピン，工具等に用いられる。

☐ 耐候性鋼等の防食性の高い鋼材は，気象や化学的な作用による腐食が予想される場合に用いられる。

☐ 耐候性鋼材は，炭素鋼に銅，クロム，ニッケル等の合金元素を添加し，鋼材表面を緻密な錆で覆い，耐食性を向上させている。

☐ 鋳鉄は，鋼を鋳型に鋳込んで所定の形状としたもので，多くの炭素を含んでいる。

☐ 鋳鉄は，橋梁の支承や伸縮継手等に用いられる。出る★☆☆

☐ 棒鋼は，棒状に圧延または鍛造された鋼材であり，主に鉄筋コンクリート中の異形棒鋼，丸鋼，PC 鋼棒として用いられる。

☐ PC 鋼棒は，鉄筋コンクリート用棒鋼に比べて高い強さを持っているが，伸びは小さい。

□ 線材は，棒状に熱間圧延された鋼で，コイル状に巻かれた鋼材である。鋼線を撚り合わせて柔軟性を持たせ，**ワイヤーケーブル**や線材を編んで袋状にし，石を詰める**蛇かご**等に用いられる。

□ 炭素量の多い硬鋼線材を束ねたワイヤーケーブルは，吊橋や斜張橋等のケーブルとして用いられる。**出る ★★★**

□ 管材は，円筒形に成形加工した鋼材で，継目なし鋼管と溶接鋼管があり，基礎杭や支柱等に用いられる。

□ 継目なし鋼管は，小・中径のものが多く，高温高圧用配管等に用いられている。

例題 1   R5 前期【No. 12】

　下図は，一般的な鋼材の応力度とひずみの関係を示したものであるが，次の記述のうち**適当でないもの**はどれか。

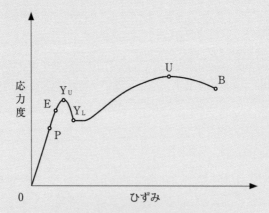

1. 点 P は，応力度とひずみが比例する最大限度である。
2. 点 Y_U は，弾性変形をする最大限度である。
3. 点 U は，最大応力度の点である。
4. 点 B は，破壊点である。

解答 2

解説 鋼材の応力度とひずみの図において，点 P は応力度とひずみが比例する最大限度（比例限度），点 E は弾性変形をする最大限度（弾性限度），点 Y_U は応力度が増えないのにひずみが急増しはじめる上降伏点，点 Y_L は応力度が急減少し，ひずみが増加する下降伏点，点 U は応力度が最大となる最大応力度（引張り強さ），点 B は，鋼材が破断する破壊点（破断点）を示している。なお，点 R は塑性域にある任意の点で呼称はない。

例題 2

R4 後期【No. 12】

鋼材の特性，用途に関する次の記述のうち，**適当でないもの**はどれか。

1. 低炭素鋼は，延性，展性に富み，橋梁等に広く用いられている。
2. 鋼材の疲労が心配される場合には，耐候性鋼材等の防食性の高い鋼材を用いる。
3. 鋼材は，応力度が弾性限度に達するまでは弾性を示すが，それを超えると塑性を示す。
4. 継続的な荷重の作用による摩耗は，鋼材の耐久性を劣化させる原因になる。

解答 2

解説 1. の炭素鋼は，鉄と炭素の合金であり，炭素含有量が 0.25%以下を低炭素鋼といい，橋梁の鋼板，ボルト，ナット，リベット，くぎ，針金等に用いられる。2. の耐候性鋼等の防食性の高い鋼材は，気象や化学的な作用による腐食が予想される場合に用いられる。なお，疲労強度は鋼種に依存しないと考えられている。3. と 4. は記述の通りである。

02 鋼材の溶接継手

 パパっとまとめ

鋼材の溶接方法と施工における留意事項を理解する。

鋼材の溶接継手

☐ 溶接継手の形式には，**突合せ継手**，**十字継手**などがある。

☐ 溶接の方法には，**手溶接**や**自動溶接**などがあり，**自動溶接**は主に工場で用いられる。

☐ **すみ肉溶接**は，部材の交わった表面部に溶着金属を溶接するものである。

☐ **開先溶接**は，部材間のすきまに溶着金属を溶接するものである。

☐ 応力を伝える溶接継手には，完全溶込み**開先溶接**，部分溶込み**開先溶接**または**連続すみ肉溶接**を用いなければならない。

☐ 溶接を行う部分は，溶接に有害な黒皮，錆，**塗料**，油等があってはならない。

☐ 溶接を行う場合には，溶接線近傍を十分に**乾燥**させる。

突合せ継手

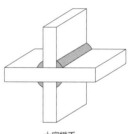

十字継手

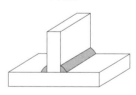

すみ肉溶接

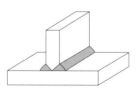

開先溶接

□ 開先溶接の始端と終端は，溶接欠陥が生じやすいのでエンドタブを取り付けて溶接する。出る★★★

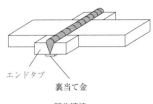

エンドタブ
裏当て金

開先溶接

□ エンドタブは，溶接終了後，ガス切断法により除去してその跡をグラインダ仕上げする。

□ 溶着金属の線が交わる場合は，応力の集中を避けるため，片方の部材にスカラップという扇状の切欠きを設ける。

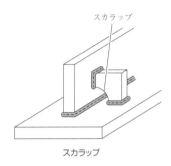

スカラップ

スカラップ

例題 1

R5 前期【No. 13】改

鋼材の溶接接合に関する次の記述のうち，**適当なもの**はどれか。
1. 溶接の施工にあたっては，溶接線近傍を湿潤状態にする。
2. すみ肉溶接においては，原則として裏はつりを行う。
3. エンドタブは，溶接終了後，ガス切断法により除去してその跡をグラインダ仕上げする。

解答 3

解説 1.の溶接線近傍に水分が付着していると，溶接に悪影響を与えるため，十分に乾燥させる。2.のすみ肉溶接は，鋼板を重ねたり，Ｔ形に直交する二つの接合面に溶着金属を盛って接合する溶接方法である。裏はつりとは，完全溶込み溶接継手において，先行した溶接部の開先底部の溶込み不良の部分，あるいは先行した溶接部の初層部分等を裏面からはつり取ることをいう。3.は記述の通りである。

鋼材の溶接接合に関する次の記述のうち，**適当でないもの**はどれか。

1. すみ肉溶接は，部材の交わった表面部に溶着金属を溶接するものである。
2. 開先溶接は，部材間のすきまに溶着金属を溶接するものである。
3. 溶接の始点と終点は，溶接欠陥が生じやすいので，スカラップという部材を設ける。
4. 溶接の方法には，手溶接や自動溶接などがあり，自動溶接は主に工場で用いられる。

解答 3

解説 1. は記述の通りである。2. の開先溶接は，突合せ溶接において，部材間の溶接部に開先加工を施し，全断面にわたって完全な溶込みと融合を行う溶接である。3. の溶接の始端には溶込み不良やブローホール等，終端にはクレータ割れ等の欠陥が生じやすいため，部材と同等の開先を有するエンドタブを取り付ける。溶接終了後，エンドタブはガス等で切断し，グラインダにて母材面まで仕上げる。スカラップとは，鋼構造部材の溶接接合部において，溶接線の交差を避けるために一方の母材に設ける扇状の切欠きのことである。4. の溶接の方法には，現場で一般的に用いられる手溶接の被覆アーク溶接があり，自動溶接にはサブマージアーク溶接等があり，主に工場で用いられる。

03 鋼道路橋に用いる高力ボルト

▶▶ パパっとまとめ

高力ボルトの施工方法と留意点について理解する。

鋼道路橋に用いる高力ボルト

☐ 高力ボルトの軸力の導入は，**ナット**を回して行うことを原則とする。**出る★★★**

☐ 高力ボルトの締付けは，連結板の**中央**のボルトから順次端部のボルトに向かって行う。

☐ 高力ボルトの**長さ**は，部材を十分に締め付けられるものとしなければならない。

☐ 高力ボルトの締付けは，各材片間の密着を確保し，十分な応力の伝達がなされるように行う。

☐ 高力ボルトの締付けは，**設計ボルト軸力**が得られるように締め付ける。

☐ 高力ボルトの摩擦接合は，ボルトの締付けで生じる部材相互の**摩擦力**で応力を伝達する。

☐ 高力ボルト摩擦接合による継手は，**重ね継手**と**突合せ継手**がある。

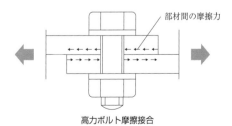

高力ボルト摩擦接合

□ トルク法による高力ボルトの締付け検査は，締付け後時間が経過するとトルク係数値が変化するので，締付け後速やかに行う。

□ トルシア形高力ボルトの本締めには，専用の締付け機を使用する。

□ 耐候性鋼材を使用した橋梁には，耐候性高力ボルトが用いられている。

鋼道路橋に用いる高力ボルトに関する次の記述のうち，**適当でない**ものはどれか。
1. 高力ボルトの軸力の導入は，ナットを回して行うことを原則とする。
2. 高力ボルトの締付けは，連結板の端部のボルトから順次中央のボルトに向かって行う。
3. 高力ボルトの長さは，部材を十分に締め付けられるものとしなければならない。
4. 高力ボルトの摩擦接合は，ボルトの締付けで生じる部材相互の摩擦力で応力を伝達する。

解答 2

解説 1. は記述の通りである。2. の高力ボルトの締付けは，連結板の中央のボルトから順次端部のボルトに向かって行い，2 度締めを行う。端部から締め付けると連結板が浮き上がり，密着性が悪くなる傾向がある。3. の高力ボルトの長さは，ボルトの平先部が締付け完了後に少なくともナットの面より外側にあること。4. の高力ボルトの摩擦接合は，高力ボルトで母材及び連結板を締め付け，部材相互の摩擦力で応力を伝達する。

2-1 構造物

04 橋梁の架設工法

▶▶

パパっとまとめ

橋梁の各種架設工法の名称と適用可能な現場条件，使用建設機械，架設に必要な仮設設備及び工法の概要について理解する。

2 専門土木

鋼道路橋の架設工法

□ ケーブルクレーン架設工法は，鉄塔で支えられたケーブルクレーンで桁をつり込んで受ばり上で組み立てて架設する工法で，桁下が利用できない山間部等で用いる場合が多く，市街地では採用されない。**出る★★★**

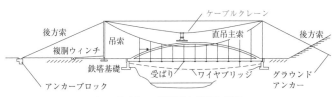

ケーブルクレーン架設工法 (直吊り工法)

□ ベント式架設工法は，橋桁部材を自走クレーン車などで吊り上げ，下から組み上げたベントで仮受けしながら橋桁を組み立てて架設する工法であり，桁下空間が使用できる現場に適している。**出る★★★**

□ 片持ち式工法は，既に架設された桁をカウンターウエイトとし，桁上に設置したトラベラークレーンで，続く部材を片持ち式に架設する工法であり，主に深い谷等，桁下の空間が使用できない現場に適している。**出る★★★**

57

□ 一括架設工法は，組み立てられた部材を台船で現場までえい航し，フローティングクレーンでつり込み一括して架設する工法であり，流れの弱い河川や海岸での架設に用いられる。

出る ★★☆

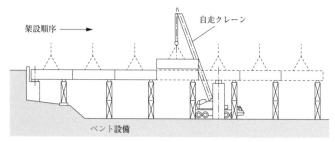

ベント式架設工法

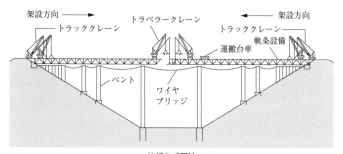

片持ち式工法

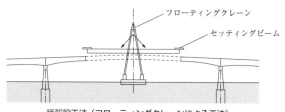

一括架設工法（フローティングクレーンによる工法）

□ **送出し式架設工法**は，架設地点に隣接する場所であらかじめ橋桁の組み立てを行って，**手延機**を使用して橋桁を所定の位置に**送り出し**，据え付ける工法である。架設地点が道路，鉄道，河川などを横断する箇所で**ベント工法**を用いることができない場合に採用されることが多い。**出る ★★★**

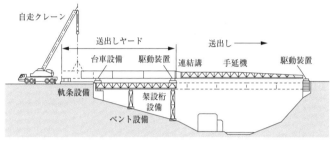

送出し式架設工法（手延機による工法）

例題 1

R1 後期【No. 13】

橋梁の「架設工法」と「工法の概要」に関する次の組合せのうち，**適当でないもの**はどれか。

　　　［架設工法］　　　　　　　　　　［工法の概要］

1. ベント式架設工法 ……… 橋桁を自走クレーンでつり上げ，ベントで仮受けしながら組み立てて架設する。

2. 一括架設工法 ……… 組み立てられた部材を台船で現場までえい航し，フローティングクレーンでつり込み一括して架設する。

3. ケーブルクレーン架設工法 ……… 橋脚や架設した桁を利用したケーブルクレーンで，部材をつりながら組み立てて架設する。

4. 送出し式架設工法 ……… 架設地点に隣接する場所であらかじめ橋桁の組み立てを行って，順次送り出して架設する。

解答 3

解説 1.のベント式架設工法は，橋桁を自走クレーン車などでつり上げ，下から組み上げたベントで仮受けしながら組み立てて架設する工法で，桁下空間が使用できる現場に適している。2.の一括架設工法は，組み立てられた部材を台船で現場までえい航し，船にクレーンを組み込んだフローティングクレーンで一括架設する工法である。流れの弱い河川や海洋での架設に用いられる。3.のケーブルクレーン架設工法は，両岸にケーブル鉄塔を建設し，ケーブルクレーンで部材をつりながら組み立てて架設する工法である。4.の送出し式架設工法は，架設地点に隣接する場所（たとえば既設桁上など）であらかじめ橋桁の組立てを行い，手延機を使用して橋桁を所定の位置に押し出し，架設する工法である。

例題 2

　鋼道路橋における次の架設工法のうち，クレーンを組み込んだ起重機船を架設地点まで進入させ，橋梁を所定の位置に吊り上げて架設する工法として，**適当なもの**はどれか。
1. フローティングクレーンによる一括架設工法
2. クレーン車によるベント式架設工法
3. ケーブルクレーンによる直吊り工法
4. トラベラークレーンによる片持ち式架設工法

解答 1

解説 1.が適当である。2.のクレーン車によるベント式架設工法は，橋桁をクレーン車で吊り上げ，下から組み上げたベントで仮受けしながら橋桁を組み立てて架設する工法であり，桁下空間が使用できる現場に適している。3.のケーブルクレーンによる直吊り工法は，鉄塔で支えられたケーブルクレーンで桁を吊り込んで受ばり上で組み立てて架設する工法で，桁下が利用できない山間部等で用いる場合が多く，市街地では採用されない。4.のトラベラークレーンによる片持ち式工法は，既に架設された桁をカウンターウエイトとし，桁上に設置したトラベラークレーンで，続く部材を片持ち式に架設する工法であり，主に深い谷等，桁下の空間が使用できない現場に適している。

05 コンクリートの劣化と 耐久性の向上

▶▶ **パパっとまとめ**

　コンクリート構造物の劣化機構と劣化要因について理解する。また, コンクリート構造物の耐久性向上方法についても理解する。

凍害

☐ 凍害は, コンクリート中に含まれる水分が凍結し, 氷の生成による膨張圧などでコンクリートが破壊される現象である (凍結融解作用)。**出る★★★**

☐ 凍結融解に対する抵抗性を向上させるために, AE 剤を用いる。

☐ 凍害対策として, 吸水率の小さい骨材を使用する。

☐ 凍害対策として, AE 減水剤を用いる。

☐ 凍害対策の一つとして, コンクリート中の空気量を 6%程度にする。

塩害

☐ 塩害は, コンクリート中に侵入した塩化物イオンが鉄筋の腐食を引き起こす現象である。鉄筋の腐食・膨張により, コンクリートにひび割れ, はく離等が生じる。**出る★★★**

☐ 塩害対策として, 高炉セメントなどの混合セメントを使用する。

☐ 塩害対策として, 鉄筋のかぶりを大きくとる。

☐ 塩害対策として, 水セメント比をできるだけ小さくする。

中性化

☐ 中性化は, コンクリートのアルカリ性が空気中の炭酸ガス (二酸化炭素) の侵入等で失われていく現象である。**出る★★★**

化学的侵食

☐ 化学的侵食は，硫酸や硫酸塩等の接触により，コンクリート硬化体が分解したり溶解したりする現象である。**出る ★★★**

☐ 化学的侵食に関する対策の一つとしては，かぶりを厚くする。

疲労

☐ 疲労は，荷重が繰り返し作用することでコンクリート中に微細なひび割れが発生し，やがて大きな損傷となる現象である。**出る ★★★**

☐ すりへりは，流水や車輪の摩耗作用によって断面が徐々に失われていく現象である。

アルカリシリカ反応

☐ アルカリシリカ反応は，コンクリート中のアルカリ分が反応性骨材（骨材中の特定成分）と反応し，骨材の異常膨張やそれに伴うひび割れ等を起こし，耐久性を低下させる現象である。**出る ★★★**

☐ アルカリシリカ反応対策として，高炉セメントB種を使用する。

例題1   R4後期【No. 14】

コンクリートの劣化機構について説明した次の記述のうち，**適当でないもの**はどれか。
1. 中性化は，コンクリートのアルカリ性が空気中の炭酸ガスの侵入等で失われていく現象である。
2. 塩害は，硫酸や硫酸塩等の接触により，コンクリート硬化体が分解したり溶解する現象である。
3. 疲労は，荷重が繰り返し作用することでコンクリート中にひび割れが発生し，やがて大きな損傷となる現象である。
4. 凍害は，コンクリート中に含まれる水分が凍結し，氷の生成による膨張圧でコンクリートが破壊される現象である。

解答 2

解説 1.の中性化は，空気中の炭酸ガス（CO_2）がコンクリート内に侵入し，水酸化カルシウム（$Ca(OH)_2$）を炭酸カルシウム（$CaCO_3$）に変化させることによりアルカリ性が失われ，pH が低下する現象である。2.の塩害とは，コンクリート中に侵入した塩化物イオンが鋼材に腐食・膨張を生じさせ，コンクリートにひび割れ，はく離等の損傷を与える現象である。選択肢の記述内容は，化学的侵食のことである。3. は記述の通りである。4.の凍害は，コンクリート中の水分が凍結融解作用により膨張と収縮を繰り返し，組織に緩み又は破壊を生じる現象である。

専門土木

例題2

コンクリートの「劣化機構」と「劣化要因」に関する次の組合せのうち，**適当でないもの**はどれか。

　　　[劣化機構]　　　　　　　　[劣化要因]
1. アルカリシリカ反応 ……… 反応性骨材
2. 疲労 ………………………… 繰返し荷重
3. 化学的侵食 ………………… 凍結融解作用

解答 3

解説 1.のアルカリシリカ反応は，コンクリート中のアルカリ分が骨材中の特定成分と反応し，骨材の異常膨張やそれに伴うひび割れ等を起こし，耐久性を低下させる現象である。2.の疲労は，荷重が繰り返し作用することでコンクリート中にひび割れが発生し，やがて大きな損傷となる現象である。3.の化学的侵食は，工場排水，下水道，海水，温泉，侵食性ガスなどに含まれる硫酸や硫酸塩等により，遊離石灰の溶出，可溶性物質の生成による溶出，エトリンガイトの生成による膨張崩壊などを引き起こし，コンクリートが溶解又は分解する現象である。凍結融解作用は凍害によるものである。

63

01 河川

▶▶ **パパっとまとめ**

　河川に関する各種用語を覚える。また，河川堤防に用いる土質材料の条件と施工方法について理解する。

河川の用語等

☐ 河川の流水がある側を**堤外地**，堤防で守られている側を**堤内地**という。 出る ★★★

☐ 河川において，上流から下流を見て右側を**右岸**，左側を**左岸**という。 出る ★★★

☐ 堤防の法面は，河川の流水がある側を**表法面**，その反対側を**裏法面**という。 出る ★★★

☐ 堤防の天端と表法面の交点を**表法肩**という。

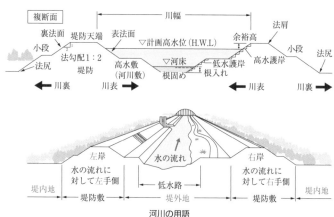

河川の用語

□ 河川堤防における小段は，堤防法面の安定性を保つために法面の途中に設ける平らな部分をいう。

□ 河川堤防の断面で一番高い平らな部分を天端という。

□ 天端の高さは，計画高水位（H.W.L）に余裕高（0.6～2.0m：計画高水流量［単位 m³/s］によって決定）を足した高さ以上にする。

□ 河川には，浅くて流れの速い瀬と，深くて流れの緩やかな淵と呼ばれる部分がある。

□ 霞堤は，上流側と下流側を不連続にした堤防で，洪水時には流水が開口部から逆流して堤内地に湛水し，洪水後には開口部から排水される。

河川堤防に用いる土質材料の条件

□ 高い密度を与える粒度分布で，かつせん断強度が大きいこと。

□ できるだけ不透水性であり，河川水の浸透により浸潤面が裏法尻まで達しない程度の透水性が望ましい。

□ 堤体の安定に支障を及ぼすような圧縮変形や膨張性がないこと。

□ 有害な有機物及び水に溶解する成分を含まないこと。

□ 施工性が良く，特に締固めが容易であること。

□ 浸水，乾燥などの環境変化に対して，法すべりやクラック等が生じにくく安定であること。

河川堤防の施工

☐ 堤防工事には，新堤防を構築する工事，既設堤防を高くするかさ上げや断面積を増やすために腹付けする拡築の工事等がある。

☐ 基礎地盤が軟弱な場合は，**緩速載荷工法**や**地盤改良**等を行う。

☐ 盛土の施工中は，堤体への雨水の滞水や浸透が生じないよう堤体横断方向に勾配を設ける。

☐ 盛土は，均等に敷き均し，**締固め度**が均一になるように締め固める。

☐ 腹付け工事では，旧堤防との接合を高めるため階段状に**段切り**を行う。 出る ★★★

☐ 法面は，可能な限り**機械**を使用して十分締め固める。

☐ 引堤工事を行った場合の旧堤防は，原則，新堤防完成後 3 年間は旧堤除去を行ってはならない。 出る ★★★

☐ 旧堤拡築工事は，かさ上げと腹付けを同時に行うことが多く，腹付け工事は，一般的に旧堤防の**裏法面**に行う。 出る ★★★

☐ 河川堤防を施工した際の法面は，一般に**総芝**や**筋芝**等の芝付けを行って保護する。 出る ★★★

☐ 築堤した堤防への芝付けは，総芝，筋芝などの種類があるが，総芝は芝を表法面全体に張ったものをいう。

R5 後期【No.15】

例題 1

R5 後期【No.15】

河川に関する次の記述のうち，**適当でないもの**はどれか。
1. 河川の流水がある側を堤内地，堤防で守られている側を堤外地という。
2. 河川堤防断面で一番高い平らな部分を天端という。
3. 河川において，上流から下流を見て右側を右岸，左側を左岸という。
4. 堤防の法面は，河川の流水がある側を表法面，その反対側を裏法面という。

解答 1

解説 1.の堤内地とは，堤防で洪水氾濫から守られている住居や農地のある側をいい，堤外地とは，堤防で挟まれた河川の流水がある側をいう。
2.と3.と4.は記述の通りである。

例題 2

R3 後期【No.15】

河川堤防の施工に関する次の記述のうち，**適当でないもの**はどれか。
1. 堤防の腹付け工事では，旧堤防との接合を高めるため階段状に段切りを行う。
2. 堤防の腹付け工事では，旧堤防の表法面に腹付けを行うのが一般的である。
3. 河川堤防を施工した際の法面は，一般に総芝や筋芝等の芝付けを行って保護する。
4. 旧堤防を撤去する際は，新堤防の地盤が十分安定した後に実施する。

解答 2

解説 1.と3.は記述の通りである。2.の腹付け工事を行う場合，表法面への腹付けは河積の減少などの問題があるため，高水敷が広く川幅に余裕がある場合を除き，原則旧堤防の裏法面に行う。4.の旧堤防は，原則新堤防完成後3年間は撤去しない。

02 河川護岸

▶▶ パパっとまとめ

河川護岸は，法覆工，基礎工，根固工等からなる構造物である。河川護岸の各部の名称を覚え，その役割を理解する。

河川護岸

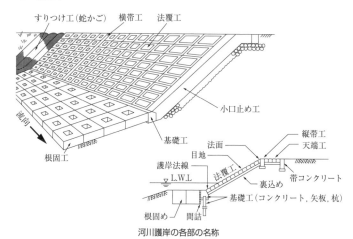

河川護岸の各部の名称

出典：「河川構造物設計要領」（平成 28 年 11 月 国土交通省 中部地方整備局 河川部）

☐ **低水護岸**は，複断面の河川において**低水路**を維持し，高水敷の洗掘などを防止するものである。

☐ **高水護岸**は，複断面の河川において高水時に堤防の表法面を保護するものである。**出る★★★**

☐ **護岸基礎工**は，法覆工を支える基礎であり，洗掘に対する保護や裏込め土砂の流出を防ぐものである。**出る★★★**

☐ **護岸基礎工の天端**の高さは，洗掘に対する保護のため**最深河床高**を評価して設定する。

□ 根固工は，洪水時に河床の洗掘が著しい場所や，大きな流速の作用する場所等で，護岸基礎工前面の河床の洗掘を防ぎ，基礎工・法覆工を保護するものである。出る ★★★

□ 法覆工は，主にコンクリートブロック張工やコンクリート法枠工等で，堤防や河岸の法面を被覆し保護するものである。出る ★★★

□ 法覆工は，堤防の法勾配が急で流速が大きい場所では，積ブロック（間知ブロック）が用いられる。

□ 法覆工（コンクリートブロック張工）は，堤防の法勾配が緩く流速が小さな場所では，平板ブロックが用いられる。出る ★★★

□ 法覆工（コンクリート法枠工）は，法面のコンクリート格子枠の中にコンクリートを打設する工法で，法勾配の急な場所では施工が難しい。

□ 石材を用いた護岸の施工方法としては，法勾配が緩い場合は石張工，急な場合は石積工を用いる。

□ 縦帯工は，護岸の法肩部に設けられるもので，法肩の施工を容易にするとともに，護岸の法肩部の破損を防ぐものである。

□ 横帯工は，法覆工の延長方向の一定区間ごとに設け，護岸の変位や破損が他に波及しないよう絶縁するものである。

□ 低水護岸の天端保護工は，流水によって低水護岸の裏側から破壊しないように保護するものである。出る ★★★

□ 小口止め工は，法覆工の上下流端に施工して護岸を保護するものである。

□ かご系護岸は，屈とう性があり，かつ，空隙があり，覆土による植生の復元も早い。

□ 水制工は，水流の方向を変えて河川の流路を安定させるために施工する。

河川護岸に関する次の記述のうち，**適当でないもの**はどれか。
1. 基礎工は，洗掘に対する保護や裏込め土砂の流出を防ぐために施工する。
2. 法覆工は，堤防の法勾配が緩く流速が小さな場所では，間知ブロックで施工する。
3. 根固工は，河床の洗掘を防ぎ，基礎工・法覆工を保護するものである。
4. 低水護岸の天端保護工は，流水によって護岸の裏側から破壊しないように保護するものである。

解答 2

解説 1. の基礎工には，法覆工の法先を直接受け止める法覆工の基礎の役割と，洪水による洗掘に対して法覆工の基礎部分を保護して裏込め土砂の流出を防ぐ役割がある。2. の法覆工は，堤防・河岸を被覆し，保護する主要な構造部分で，法勾配が急で流速の大きな急流部では間知ブロック（積ブロック）が用いられ，法勾配が緩く流速が小さな場所では平板ブロックが用いられる。3. の根固工は，洪水時に河床の洗掘が著しい場所や，大きな流速の作用する場所等で，護岸基礎工前面の河床の洗掘を防止し，基礎工・法覆工を保護するものである。4. は記述の通りである。

例題2

下図に示す河川の低水護岸の（イ）～（ハ）の構造名称に関する次の組合せのうち，**適当なもの**はどれか。

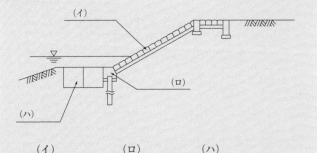

	（イ）	（ロ）	（ハ）
1.	法覆工 …………	小口止め工 ………	水制工
2.	天端保護工 ……	基礎工 ……………	水制工
3.	天端保護工 ……	小口止め工 ……	根固工
4.	法覆工 …………	基礎工 ……………	根固工

解答 4

解説 低水護岸の各部の名称は，図に示す通りである。設問の（イ），（ロ），（ハ）に該当する名称は，それぞれ**法覆工**，**基礎工**，**根固工**である。

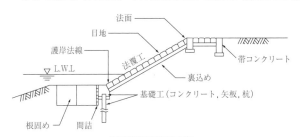

河川護岸の各部の名称

2

専門土木

03 砂防えん堤

> **ババっとまとめ**
>
> 砂防えん堤は、渓流から流出する砂礫の捕捉や調節などを目的とした構造物である。砂防えん堤の各部の名称とその目的、及び施工順序について理解する。

砂防えん堤

☐ 砂防えん堤は、**強固な岩盤**に施工することが望ましい。

☐ 堤体基礎の根入れは、基礎地盤が岩盤の場合は **1m 以上**、砂礫盤では **2m 以上**行うのが通常である。**出る★★★**

☐ 本えん堤の水通しは、えん堤上流からの流水の**越流部**として設置され、越流する流量に対して十分な大きさとし、一般にその断面は**逆台形**である。**出る★★★**

☐ 本えん堤の袖は、洪水を**越流**させないために設けられ、水通し側から両岸に向かって**上り勾配**とし、土石等の流下による衝撃に対して強固な構造とする。**出る★★★**

☐ 本えん堤の堤体下流の法勾配は、**越流土砂**による損傷を受けないよう、一般に **1：0.2** 程度としている。**出る★★★**

☐ 水抜きは、一般に本えん堤施工中の流水の切換えや堆砂後の**浸透水**を抜いて、本えん堤にかかる**水圧**を軽減するために設けられる。**出る★★★**

☐ 前庭保護工は、本えん堤を越流した落下水による前庭部の洗掘を防止するために堤体の下流側に設置する構造物であり、副えん堤及びウォータークッション（水褥池）による減勢工、水叩き、側壁護岸、護床工等からなる。**出る★★★**

- □ 水叩きは，本えん堤からの落下水の衝撃を緩和し，洗掘の防止を目的に，本えん堤下流の前庭部に設けられるコンクリート構造物である。**出る★★★**

- □ 側壁護岸は，水通し（越流部）からの落下水が左右の渓岸（法面）を侵食することを防止するための構造物である。

- □ 副えん堤は，本えん堤の基礎地盤の洗掘及び下流河床低下の防止のために設ける。

- □ **ウォータークッション**（水褥池）は，落下する水のエネルギーを拡散・減勢させるために，本えん堤と副えん堤との間にできる水を湛えたプールをいう。

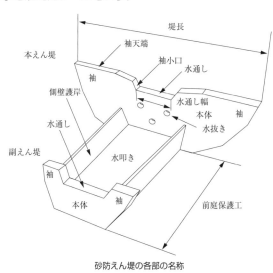

砂防えん堤の各部の名称

砂防えん堤の施工順序

□ 砂礫層上に施工する砂防えん堤の施工順序は，一般的には①本えん堤基礎部，②副えん堤，③側壁護岸，④水叩き，⑤本えん堤上部の順となる。出る★★★

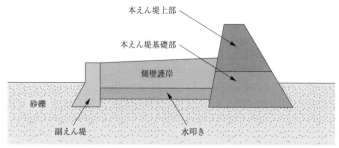

本えん堤上部

本えん堤基礎部

側壁護岸

砂礫

副えん堤　　　水叩き

砂防えん堤

出典：令和3年度　2級土木施工管理技術検定学科試験 No.17

例題1

R5 後期【No.17】

砂防えん堤に関する次の記述のうち，**適当なもの**はどれか。

1. 水通しは，施工中の流水の切換えや堆砂後の本えん堤にかかる水圧を軽減させるために設ける。
2. 前庭保護工は，本えん堤の洗掘防止のために，本えん堤の上流側に設ける。
3. 袖は，洪水が越流した場合でも袖部等の破壊防止のため，両岸に向かって水平な構造とする。
4. 砂防えん堤は，安全性の面から強固な岩盤に施工することが望ましい。

解答 4

解説 1.の水通しは，えん堤上流からの流水の越流部として設置され，その断面は一般に逆台形である。選択肢の記述内容は水抜きのことである。2.の前庭保護工は，本えん堤の下流側に設け，越流した落下水，落下砂礫による前庭部の洗掘及び下流の河床低下を防止するための構造物であり，副えん堤及びウォータークッション（水褥池）による減勢工，水叩き，側壁護岸，護床工等からなる。3.の袖は，洪水を越流

させないことを原則とし，両岸に向かって上り勾配とし，袖の嵌入深さは本体と同程度の安定性を有する地盤までとする。4.の砂防えん堤の基礎地盤は，安全性等から岩盤が原則である。ただし，やむを得ず砂礫盤とする場合は，できる限りえん堤高 15m 未満に抑え，均質な地層を選定する。

例題2

　下図に示す砂防えん堤を砂礫の堆積層上に施工する場合の一般的な順序として，**適当なもの**は次のうちどれか。

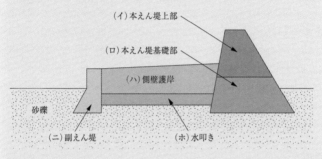

(イ)本えん堤上部
(ロ)本えん堤基礎部
(ハ)側壁護岸
砂礫
(ニ)副えん堤
(ホ)水叩き

1. （ロ）→（ニ）→（ハ）・（ホ）→（イ）
2. （ニ）→（ロ）→（イ）→（ハ）・（ホ）
3. （ロ）→（ニ）→（イ）→（ハ）・（ホ）
4. （ニ）→（ロ）→（ハ）・（ホ）→（イ）

解答 1

解説 砂礫層上に施工する砂防えん堤の施工順序は，一般的には①本えん堤基礎部，②副えん堤，③側壁護岸，④水叩き，⑤本えん堤上部の順となる。

04 地すべり防止工

 ババっとまとめ

　地すべり防止工は，抑制工と抑止工とに大別される。抑制工は，地すべりの誘因となる自然条件を変化させることによって地すべり運動を停止または緩和させ，抑止工は，構造物により地すべり運動の一部または全部を停止させる工法である。抑制工と抑止工の工法とその概略を覚える。

地すべり防止工

□ 地すべり防止工では，抑制工，抑止工の順に施工し，抑止工だけの施工は避けるのが一般的である。**出る★★★**

□ 抑制工としては，水路工，横ボーリング工，集水井工や排土工などがあり，抑止工としては，杭工やシャフト工などがある。

抑制工

□ 抑制工は，地形や地下水の状態等の自然条件を変化させ，地すべり運動を停止・緩和する工法である。**出る★★★**

□ 横ボーリング工は，帯水層に向けてボーリングを行い，地下水を排除する工法である。**出る★★★**

□ 水路工は，地表の水を水路に集め，速やかに地すべり区域外に排除する工法である。**出る★★★**

□ 集水井工の排水は，原則として，排水ボーリングによって自然排水を行う。**出る★★★**

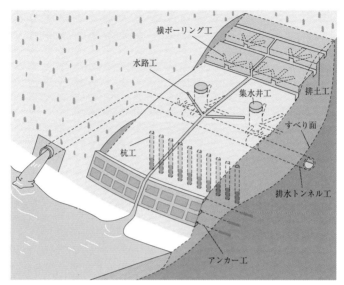

地すべり防止工

□ 排水トンネル工は，地すべり規模が大きい場合に用いられる工
法である。

□ 排水トンネル工とは，地すべり土塊の下にある安定した地盤に
トンネルを設け，ここから帯水層に向けてボーリングを行い，
トンネルを使って排水する工法である。

□ 排土工は，地すべり頭部の不安定土塊を排除し，土塊の滑動力
を減少させる工法で，中小規模の地すべり防止工によく用いら
れる。 出る★★★

□ 押え盛土工とは，地すべり土塊の下部に盛土を行うことによ
り，地すべりの滑動力に対する抵抗力を増加させる工法であ
る。

抑止工

□ 抑止工は，杭等の構造物によって，地すべり運動の一部又は全部を停止させる工法である。 出る ★★★

□ 杭工は，鋼管等の杭を地すべり斜面の下層の不動土層まで打ち込み，斜面の安定を高める工法である。 出る ★★★

□ 杭工における杭の建込み位置は，地すべり土塊下部のすべり面の勾配が緩やかな場所とする。

□ シャフト工とは，大口径の井筒を山留めとして地すべり斜面に設置し，鉄筋コンクリートを充填して，シャフト（杭）とするものである。 出る ★★★

例題 1
R5 前期【No. 18】

地すべり防止工に関する次の記述のうち，**適当なもの**はどれか。
1. 杭工は，原則として地すべり運動ブロックの頭部斜面に杭をそう入し，斜面の安定を高める工法である。
2. 集水井工は，井筒を設けて集水ボーリング等で地下水を集水し，原則としてポンプにより排水を行う工法である。
3. 横ボーリング工は，地下水調査等の結果をもとに，帯水層に向けてボーリングを行い，地下水を排除する工法である。
4. 排土工は，土塊の滑動力を減少させることを目的に，地すべり脚部の不安定な土塊を排除する工法である。

解答 3

解説 1.の杭工は，鋼管杭，鉄筋コンクリート杭，H形鋼杭等を地すべり土塊下部のすべり面の勾配が緩やかな場所に建て込み，杭の曲げ強さとせん断抵抗により土塊の移動を抑止し，斜面の安定を高める抑止工である。2.の集水井工は，原則として排水ボーリング孔（長さ100m程度）又は排水トンネルにより自然排水を行う抑制工である。3.の横ボーリング工は，地表から5m以深のすべり面付近に分布する深層地下水や断層，破砕帯に沿った地下水を排除する抑制工である。4.の排土工は，地すべり頭部の不安定な土塊を排除し荷重を減ずることで，土塊の滑動力を減少させる抑制工である。

例題2

地すべり防止工に関する次の記述のうち，**適当なもの**はどれか。
1. 抑制工は，杭等の構造物により，地すべり運動の一部又は全部を停止させる工法である。
2. 地すべり防止工では，一般的に抑制工，抑止工の順序で施工を行う。
3. 抑止工は，地形等の自然条件を変化させ，地すべり運動を停止又は緩和させる工法である。
4. 水路工は，地表の水を水路に集め，速やかに地すべりの地域外に排除する工法である。

解答 3

解説 1. の抑制工は，地下水状態等の自然条件を変化させ，地すべり運動を停止・緩和する工法である。選択肢の記述内容は抑止工である。2. の地すべり防止工では，工法の主体は抑制工とし，地すべりが活発に継続している場合は抑制工を先行させ，活動を軽減してから抑止工を施工する。3. の抑止工は，杭等の構造物によって，地すべり運動の一部又は全部を停止させる工法である。選択肢の記述内容は抑制工である。

2

専門土木

01 道路のアスファルト舗装の路床・路盤の施工

学習 /

▶▶ **パパっとまとめ**

　道路のアスファルト舗装における路床，下層路盤，上層路盤の施工方法及び，各種安定処理工法について理解する。

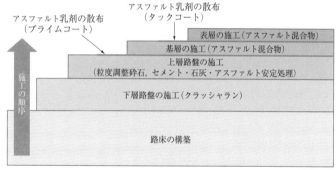

施工の順序

道路のアスファルト舗装における路床の施工

☐ 路床は，舗装と一体となって交通荷重を支持し，厚さは1mを標準とする。

☐ 路床は，交通荷重を支持する層として適切な支持力と**変形抵抗性**が求められる。

☐ 盛土路床では，1層の敷均し厚さは仕上り厚さで**20cm**以下を目安とする。**出る**★★★

☐ 盛土路床は，均質性を得るために，材料の最大粒径は**100mm**以下であることが望ましい。

☐ 切土路床では，表面から**30cm**程度以内にある木根や転石等を取り除いて仕上げる。**出る**★★★

□ 置換え工法は，軟弱な現状路床土の一部または全部を**良質土**で置き換える工法である。

路床の安定処理工法

□ 路床の安定処理は，原則として**路上混合**方式で行う。

□ 安定処理工法は，現状路床土と**セメント**や**石灰等**の安定材を混合し，支持力を改善する工法である。

□ セメントまたは石灰などの安定材の散布に先立って現状路床の**不陸整正**や，必要に応じて雨水対策の**仮排水溝**を設置する。

□ セメントまたは石灰などの安定材は，所定量を**散布機械**または**人力**により均等に散布する。

□ 粒状の生石灰を用いる場合は，混合が終了したのち仮転圧して放置し，生石灰の消化を待ってから**再混合**する。

□ セメントまたは石灰などの安定材の混合終了後，**タイヤローラ**等で仮転圧を行い，**ブルドーザ**や**モータグレーダ**等で所定の形状に整形したのちに締固めをする。

下層路盤

□ 下層路盤材料は，一般に**施工現場近く**で経済的に入手でき品質規格を満足するものを用いる。

□ 下層路盤材料は，粒径が大きいと施工管理が難しいので最大粒径を原則**50mm**以下とする。

□ 粒状路盤材料を使用した場合の1層の仕上り厚さは**20cm**以下を標準とする。 出る★★★

進行方向

ダンプトラック　ブルドーザ　モータグレーダ　タイヤローラ　ロードローラ

路盤の施工

☐ 粒状路盤材料の転圧は，一般にロードローラと 8〜20t のタイヤローラで行う。

☐ セメント安定処理路盤材料は，一般に路上混合方式により製造する。

☐ 路上混合方式によるセメント及び石灰安定処理工法の 1 層の仕上り厚さは，15〜30cm とする。

上層路盤

☐ 瀝青安定処理工法は，骨材に瀝青材料を添加して処理する工法で，平坦性が良く，たわみ性や耐久性に富む特長がある。

☐ 粒度調整工法は，良好な粒度になるように調整した骨材を用いる工法である。

☐ 粒度調整路盤は，材料の分離に留意しながら路盤材料を均一に敷き均し締め固め，1 層の仕上り厚さは，15cm 以下を標準とする。出る★★★

☐ 粒度調整路盤が 1 層の仕上り厚さ 20cm を超える場合においては，所要の締固め度が保証される施工方法が確認されていれば，その仕上り厚さを用いてもよい。

☐ 粒度調整路盤材料は，最適含水比付近の状態で締め固める。

☐ セメント，石灰安定処理路盤は，1 層の仕上り厚さが 10〜20cm を標準とする。

☐ セメント，石灰安定処理路盤材料の締固めは，敷き均した路盤材料の硬化が始まる前までに締固めを完了することが重要である。

☐ 石灰安定処理路盤材料の締固めは，最適含水比よりやや湿潤状態で行う。

□ 加熱アスファルト安定処理は，1層の仕上り厚さを10cm以下で行う工法とそれを超えた厚さで仕上げるシックリフト工法とがある。

□ 加熱アスファルト安定処理路盤は，下層の路盤面にプライムコートを施す必要がある。

□ 加熱アスファルト安定処理路盤材料の敷均しは，一般にアスファルトフィニッシャで行う。

例題1

　道路のアスファルト舗装の路床・路盤の施工に関する次の記述のうち，**適当でないもの**はどれか。
1.　盛土路床では，1層の敷均し厚さは仕上り厚さで20cm以下を目安とする。
2.　切土路床では，土中の木根・転石などを取り除く範囲を表面から30cm程度以内とする。
3.　粒状路盤材料を使用した下層路盤では，1層の仕上がり厚さは30cm以下を標準とする。
4.　粒度調整路盤材料を使用した上層路盤では，1層の仕上り厚さは，15cm以下を標準とする。

解答 3

解説 1.の盛土路床の1層の敷均し厚さは25〜30cm以下とし，締固め後の仕上り厚さは20cm以下を目安とする。2.は記述の通りである。3.の粒状路盤材料を使用した下層路盤では，1層の仕上り厚さは20cm以下を標準とする。4.の粒度調整路盤材料を使用した上層路盤では，1層の仕上り厚さは15cm以下を標準とするが，振動ローラを用いる場合は上限を20cmとしてよい。

道路のアスファルト舗装における構築路床の安定処理に関する次の記述のうち，**適当でないもの**はどれか。

1. 安定材の混合終了後，モータグレーダで仮転圧を行い，ブルドーザで整形する。
2. 安定材の散布に先立って現状路床の不陸整正や，必要に応じて仮排水溝を設置する。
3. 所定量の安定材を散布機械又は人力により均等に散布する。
4. 軟弱な路床土では，安定処理としてセメントや石灰などを混合し，支持力を改善する。

解答 1

解説 1.の安定材の混合終了後，タイヤローラ等による仮転圧を行い，次にブルドーザやモータグレーダ等により所定の形状に整形して，タイヤローラ等により締め固める。2.と3.は記述の通りである。4.の安定処理では，対象が砂質系材料の場合には瀝青材料及びセメント，粘性土の場合は石灰が一般に有効である。

道路のアスファルト舗装における下層・上層路盤の施工に関する次の記述のうち，**適当でないもの**はどれか。

1. 上層路盤に用いる粒度調整路盤材料は，最大含水比付近の状態で締め固める。
2. 下層路盤に用いるセメント安定処理路盤材料は，一般に路上混合方式により製造する。
3. 下層路盤材料は，一般に施工現場近くで経済的に入手でき品質規格を満足するものを用いる。
4. 上層路盤の瀝青安定処理工法は，平坦性がよく，たわみ性や耐久性に富む特長がある。

解答 1

解説 1.の粒度調整路盤材料は，乾燥しすぎている場合は適宜散水し，最適含水比付近の状態で締め固める。2.のセメント安定処理路盤材料は，中央混合方式により製造することもあるが，一般に路上混合方式により製造する。3.は記述の通りである。4.の瀝青安定処理工法は，骨材に瀝青材料を添加して処理する工法である。

02 アスファルト舗装の施工

▶▶ **ババっとまとめ**

道路のアスファルト舗装における，アスファルト混合物の敷均し・締固め順序，使用機械，留意事項等を覚える。

2 専門土木

アスファルト混合物の施工

☐ アスファルト混合物の現場到着温度は，一般に 140〜150℃程度とする。

☐ 現場に到着したアスファルト混合物は，直ちに**アスファルトフィニッシャ**または人力により均一に敷き均す。出る★★★

☐ 敷均し時の混合物の温度は，一般に 110℃を下回らないようにする。出る★★★

☐ 締固め作業は，継目転圧，初転圧，二次転圧及び仕上げ転圧の順序で行う。出る★★★

☐ 初転圧は，一般に 10〜12t の**ロードローラ**で 2 回（1 往復）程度行う。出る★★★

☐ 初転圧は，横断勾配の低い方から高い方向へ一定の速度で転圧する。

☐ 初転圧時のローラへの混合物の付着防止には，少量の**水**，または**軽油**等を薄く塗布する。

☐ 初転圧温度は，一般に 110〜140℃である。

☐ 二次転圧は，一般に 8〜20t の**タイヤローラ**で行うが，振動ローラを用いることもある。出る★★★

アスファルト混合物の施工

☐ 二次転圧の終了温度は，一般に **70〜90℃**とする。

☐ 仕上げ転圧は，不陸の修正や**ローラマーク**の消去のため，8〜20t のタイヤローラあるいはロードローラで２回（１往復）程度行う。**出る★★★**

☐ 転圧温度が**高**すぎたり**過転圧**があったりする場合，ヘアクラックが多く見られることがある。**出る★★★**

☐ 転圧終了後の交通開放は，舗装表面温度が一般に **50℃**以下になってから行う。**出る★★★**

☐ 敷均し作業中に雨が降りはじめたときは，作業を**中止**し敷き均したアスファルト混合物を速やかに**締め固める**。

プライムコート及びタックコートの施工

☐ プライムコートは，路盤等の**防水性**を高め，路盤とアスファルト混合物とのなじみを良くするために行う。

☐ プライムコートには，通常，アスファルト乳剤（PK-3）を用い，散布量は一般に **1〜2L/m²** が標準である。

☐ タックコートは，加熱アスファルト混合物とその下層との**接着**，及び継目部や構造物との付着を良くするため散布する。

☐ タックコートには，通常，アスファルト乳剤（PK-4）を用い，散布量は一般に **0.3〜0.6L/m²** が標準である。

継目

☐ 舗装継目は，密度が小さくなりやすく段差やひび割れが生じやすいので十分締め固めて密着させる。

☐ 縦継目部は，レーキなどで粗骨材を取り除いた新しい混合物を既設舗装に5cm程度重ねて敷き均す。

☐ 横継目は，既設舗装の補修・延伸の場合を除いて，下層の継目と上層の継目を重ねないようにする。

例題 1   R5 後期【No.20】

道路のアスファルト舗装におけるアスファルト混合物の締固めに関する次の記述のうち，**適当なもの**はどれか。
1. 初転圧は，一般に10〜12tのタイヤローラで2回（1往復）程度行う。
2. 二次転圧は，一般に8〜20tのロードローラで行うが，振動ローラを用いることもある。
3. 締固め温度は，高いほうが良いが，高すぎるとヘアクラックが多く見られることがある。
4. 締固め作業は，敷均し終了後，初転圧，継目転圧，二次転圧，仕上げ転圧の順序で行う。

解答 3

解説 1.の初転圧は，10〜12t程度のロードローラを用い，駆動輪をアスファルトフィニッシャ側に向けて2回（1往復）程度行う。2.の二次転圧は，一般に8〜20tのタイヤローラまたは6〜10tの振動ローラを用いて行う。タイヤローラによる混合物の締固めは，交通荷重に似た締固め作用により，骨材相互のかみ合わせを良くし，深さ方向に均一な密度が得やすい。3.のヘアクラックは，ローラ線圧過大，転圧温度の高すぎ，過転圧等の場合に多く見られることがある。4.の締固め作業は，敷均し終了後，継目転圧，初転圧，二次転圧，仕上げ転圧の順序で行う。

道路のアスファルト舗装の施工に関する次の記述のうち，**適当でないもの**はどれか。

1. 加熱アスファルト混合物は，通常アスファルトフィニッシャにより均一な厚さに敷き均す。
2. 敷均し時の混合物の温度は，一般に110℃を下回らないようにする。
3. 仕上げ転圧は，不陸の修正やローラマーク消去のために行う。
4. 転圧終了後の交通開放は，一般に舗装表面の温度が70℃以下となってから行う。

解答 4

解説 1. と 2. は記述の通りである。3. の仕上げ転圧は，タイヤローラあるいはロードローラで，不陸の修正やローラマークを消すために 2 回（1 往復）程度行う。4. の転圧終了後の交通開放は，一般に舗装表面の温度が 50℃以下になってから行う。

道路のアスファルト舗装におけるアスファルト混合物の施工に関する次の記述のうち，**適当でないもの**はどれか。

1. 気温が5℃以下の施工では，所定の締固め度が得られることを確認したうえで施工する。
2. 初転圧温度は，一般に 90〜100℃である。
3. 二次転圧の終了温度は，一般に 70〜90℃とする。

解答 2

解説 1. の気温が5℃以下の寒冷期の施工では，混合物温度の低下が早く，所定の締固め度が得られにくい。やむを得ず施工する場合には，中温化技術を用いたり，転圧作業のできる最小範囲まで混合物を敷均し，直ちに締め固めを行うなど，所定の締固め度が得られることを確認したうえで施工する。2. の初転圧温度は一般に 110〜140℃とし，ヘアクラックの生じない限りできるだけ高い温度で行う。3. は記述の通りである。

03 アスファルト舗装の破損・補修工法

▶▶ **パパっとまとめ**

道路のアスファルト舗装の破損の種類とその概略，アスファルト舗装の各種補修工法とその概略を覚える。

道路のアスファルト舗装の破損

☐ 線状ひび割れは，縦・横に幅5mm程度で長く生じるひび割れで，路盤の支持力が不均一な場合や舗装の継目に生じる。
出る★★★

☐ 亀甲状ひび割れは，路床・路盤の支持力低下により発生する。

☐ わだち掘れ（流動わだち掘れ）は，交通荷重によるアスファルト混合物の塑性変形により，車両の通過位置が同じところに生じる，道路の横断方向の凹凸である。**出る★★★**

☐ 沈下わだち掘れは，路床・路盤の沈下により発生する。

☐ 縦断方向の凹凸は，道路の延長方向に，比較的長い波長で生じる凹凸で，どこにでも生じる。**出る★★★**

☐ ヘアクラックは，縦・横・斜め不定形に，幅1mm程度に生じる比較的短いひび割れで，主に表層に生じる。**出る★★★**

道路のアスファルト舗装の補修工法

☐ オーバーレイ工法は，既存舗装の上に，厚さ3cm以上の加熱アスファルト混合物を舗設する工法である。**出る★★★**

☐ 打換え工法は，不良な舗装の一部分，または全部を取り除き，新しい舗装を行う工法である。**出る★★★**

☐ 切削工法は，路面の凹凸を切削除去し，不陸や段差を解消する工法である。**出る★★★**

□ パッチング工法は，局部的なひび割れやくぼみ，ポットホール，段差等を舗装材料で応急的に充填する工法である。

出る ★★★

□ 表面処理工法は，既設舗装の表面に 3cm 未満の薄い封かん層を設ける工法である。

□ シール材注入工法は，比較的幅の広いひび割れに注入目地材等を充填する工法である。

□ 局部打換え工法は，既設舗装の破損が局部的に著しいときに路盤から局部的に打ち換える工法である。

□ わだち部オーバーレイ工法は，既設舗装のわだち掘れ部のみを加熱アスファルト混合物で舗設する工法である。

例題 1   R5 前期【No. 21】

　道路のアスファルト舗装の破損に関する次の記述のうち，**適当でないもの**はどれか。
1. 沈下わだち掘れは，路床・路盤の沈下により発生する。
2. 線状ひび割れは，縦・横に長く生じるひび割れで，舗装の継目に発生する。
3. 亀甲状ひび割れは，路床・路盤の支持力低下により発生する。
4. 流動わだち掘れは，道路の延長方向の凹凸で，比較的長い波長で発生する。

解答 4
解説 4.の流動わだち掘れは，交通荷重によるアスファルト混合物の塑性変形により，車両の通過位置が同じところに生じる，道路の横断方向の凹凸である。

例題 2   R5 後期【No.21】

　道路のアスファルト舗装の補修工法に関する次の記述のうち，**適当でないもの**はどれか。

1. オーバーレイ工法は，既設舗装の上に，加熱アスファルト混合物以外の材料を使用して，薄い封かん層を設ける工法である。
2. 打換え工法は，不良な舗装の一部分，又は全部を取り除き，新しい舗装を行う工法である。
3. 切削工法は，路面の凹凸を削り除去し，不陸や段差を解消する工法である。
4. パッチング工法は，局部的なひび割れやくぼみ，段差等を応急的に舗装材料で充填する工法である。

解答 1

解説 1.のオーバーレイ工法は，既存舗装の上に，厚さ3cm以上の加熱アスファルト混合物を舗設する工法である。選択肢の記述内容は表面処理工法のことである。2.と3.は記述の通りである。4.のパッチング工法は，局部的なくぼみ，ポットホール，段差等に加熱アスファルト混合物，瀝青材料や樹脂結合材料系のバインダーを用いた常温混合物等を応急的に充填する工法である。

例題3

R4 前期【No. 21】改

道路のアスファルト舗装の破損に関する次の記述のうち，**適当なもの**はどれか。
1. 道路縦断方向の凹凸は，不定形に生じる比較的短いひび割れで主に表層に生じる。
2. ヘアクラックは，長く生じるひび割れで路盤の支持力が不均一な場合や舗装の継目に生じる。
3. わだち掘れは，道路横断方向の凹凸で車両の通過位置が同じところに生じる。

解答 3

解説 1.の道路縦断方向の凹凸は，道路の延長方向に比較的**長い**波長で生じる凹凸で，どこにでも生じる。2.のヘアクラックは，縦・横・斜め不定形に，幅1mm程度に生じる比較的短いひび割れで，主に表層に生じる。3.のわだち掘れは，交通荷重によるアスファルト混合物の塑性変形により，道路の横断方向の凹凸で車両の通過位置が同じところに生じる。

04 道路のコンクリート舗装

> **パパっとまとめ**
>
> コンクリート舗装には，普通コンクリート舗装，転圧コンクリート舗装などがある。特に，普通コンクリート舗装の施工方法，留意事項について理解する。

道路のコンクリート舗装

☐ 路床は，舗装の厚さを決めるもととなる部分で，路盤の下約1mの部分である。

☐ 極めて軟弱な路床は，**置換工法**や**安定処理工法**等で改良する。

☐ 普通コンクリート舗装は，セメントコンクリート版を路盤上に施工したもので，主としてコンクリートの**曲げ抵抗**で交通荷重を支えるので**剛性舗装**とも呼ばれる。 出る★★★

☐ 舗装用のコンクリートは，**施工**がしやすく，養生中の収縮が十分小さく，**外力**に十分に抵抗するものでなければならない。

☐ 普通コンクリート舗装は，養生期間が**長く**部分的な補修が**困難**であるが，アスファルト舗装に比べて**耐久性**に富むため，トンネル内等に用いられる。 出る★★★

☐ 普通コンクリート舗装版の厚さは，15～30cm程度であり，路盤の**支持力**や**交通荷重**などにより決定する。

☐ 普通コンクリート舗装は，アスファルト舗装の路面が黒色系であるのに比べ，路面が白色系のため**照明効率**が良い。

道路の普通コンクリート舗装における施工

☐ 普通コンクリート舗装は，路盤厚が30cm以上の場合は，上層路盤と下層路盤に分けて施工する。**出る**★★★

☐ コンクリートの練混ぜから舗設開始までの時間の限度の目安は，ダンプトラックで運搬する場合は約1時間以内，アジテータトラックで運搬する場合は約1.5時間以内とする。

☐ 普通コンクリート舗装の施工は，一般に荷卸し，**敷均し**，**鉄網及び縁部補強鉄筋の設置**，締固め，荒仕上げ，平たん仕上げ，粗面仕上げ，**目地の施工**，**養生**の順に行う。

☐ 普通コンクリートの敷均しは，敷均し機械（**スプレッダ**）を用い，全体ができるだけ均等な密度になるように適切な**余盛り**を付けて行う。**出る**★★★

☐ 鉄網及び縁部補強鉄筋を設置する場合は，その深さはコンクリート版の**上面**から版の厚さの1/3程度のところに配置する。**出る**★★★

☐ 鉄網をコンクリート版に設置する場合，一般にその継手には**重ね継手**が用いられる。

☐ 敷き均したコンクリートは，**コンクリートフィニッシャ**で一様かつ十分に締め固める。

☐ 最終仕上げは，舗装版表面の**水光り**が消えてから，すべり防止のためほうきやブラシ等で**粗面仕上げ**を行う。

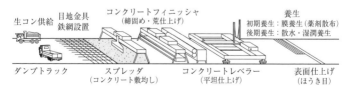

コンクリート舗装の施工

養生

☐ コンクリートの養生は，一般的に初期養生として膜養生や屋根養生，後期養生として被覆養生及び散水養生等を行う。

☐ 表面仕上げの終わったコンクリート舗装版は，所定の強度になるまで湿潤状態を保つように養生する。

☐ 養生期間を試験によって定める場合は，現場養生を行った供試体の曲げ強度が配合強度の 70％以上となるまでとする。

☐ 強風時などコンクリート版の初期ひび割れ発生を防止するためには，通常よりも養生の開始時期を早めるなどの対策をとる。

目地の施工

☐ コンクリート舗装は，温度変化によって膨張・収縮するので目地が必要である。

☐ 普通コンクリート版に温度変化に対応した目地を設ける場合，車線方向に設ける**縦目地**と車線に直交して設ける**横目地**がある。**出る★★★**

☐ 普通コンクリート版の横目地には，収縮に対する**ダミー目地**と膨張目地がある。

☐ 普通コンクリート舗装の横収縮目地は，車線に**直交**方向とし，版厚に応じて 8〜10m 間隔に設ける。

☐ 横収縮目地のカッターによる目地溝は，所定の位置に所要の幅及び深さまで垂直に切り込んで設置する。

例題 1   R3 前期【No. 22】

　道路のコンクリート舗装に関する次の記述のうち，**適当でないもの**はどれか。

1. コンクリート舗装は，セメントコンクリート版を路盤上に施工したもので，たわみ性舗装とも呼ばれる。
2. コンクリート舗装は，温度変化によって膨張したり収縮したりするので，一般には目地が必要である。
3. コンクリート舗装には，普通コンクリート舗装，転圧コンクリート舗装，プレストレスコンクリート舗装等がある。
4. コンクリート舗装は，養生期間が長く部分的な補修が困難であるが，耐久性に富むため，トンネル内等に用いられる。

解答 1

解説 1.のコンクリート舗装は，コンクリート版が交通荷重などによる曲げ応力に抵抗するので，剛性舗装と呼ばれる。アスファルト舗装は，せん断力に対する抵抗力は高いが，曲げ応力に対する抵抗力は低く，たわみ性舗装と呼ばれる。2.の目地はコンクリート舗装の弱点になりやすいので，鉄筋で補強される。3.のコンクリート舗装には，無筋コンクリート舗装，鉄網コンクリート舗装，連続鉄筋コンクリート舗装，転圧コンクリート舗装，プレキャストコンクリート舗装，プレストレスコンクリート舗装等がある。4.のコンクリート舗装は，トンネル内や空港のエプロン，港湾ヤードに多く用いられている。

例題2

道路のコンクリート舗装における施工に関する次の記述のうち，**適当でないもの**はどれか。
1. コンクリートの敷均しは，敷均し機械を用い，全体ができるだけ均等な密度になるように適切な余盛りをつけて行う。
2. 路盤厚が30cm以上のときは，上層路盤と下層路盤に分けて施工する。
3. コンクリート版に鉄網を用いる場合は，表面から版の厚さの1／3程度のところに配置する。
4. 最終仕上げは，舗装版表面の水光りが消えてから，滑り防止のため膜養生を行う。

解答 4

解説 1.のコンクリートの敷均しは，スプレッダを用いる。2.と3.は記述の通りである。4.の最終仕上げは，舗装版表面の水光りが消えてから，滑り防止のため粗面仕上げ機械又は人力により粗面仕上げを行う。

01 ダム

▶▶ **パパっとまとめ**

ダムの基礎掘削工法，基礎処理工法（グラウチング）等を覚える。ダムには重力式コンクリートダムやフィルダムなどがあるが，特に RCD 工法の概要と施工方法について覚える。

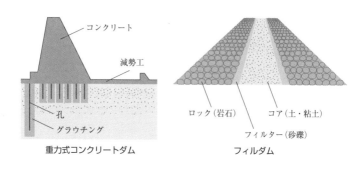

重力式コンクリートダム　　　　　フィルダム

ダムの基礎の施工

☐ ダム工事は，一般に大規模で長期間にわたるため，工事に必要な設備，機械を十分に把握し，施工設備を適切に配置することが**安全で合理的な工事を行う**うえで必要である。

☐ 転流工は，ダム本体工事を確実に，また容易に施工するため，工事期間中の河川の流れを迂回させるものである。**出る ★★★**

☐ 転流工は，比較的川幅が狭く，流量が少ない日本の河川では**仮排水トンネル方式**が多く用いられている。**出る ★★★**

☐ ダム本体の基礎掘削は，基礎岩盤に損傷を与えることが少なく，大量掘削に対応できる**ベンチカット工法**が一般的である。**出る ★★★**

- □ **ベンチカット**工法は，せん孔機械で穴をあけて爆破し順次上方から下方に**階段状**に切り下げていく掘削工法である。

- □ 基礎掘削は，計画掘削線に近づいたら**発破掘削**は避け，**人力**や**ブレーカ**などで岩盤が緩まないように注意して施工する。

- □ グラウチングは，ダムの基礎岩盤の弱部の補強，**遮水性**の改良を目的とした最も一般的な基礎処理工法である。 出る ★ ★ ★

重力式コンクリートダム

- □ 重力式ダムは，ダム自身の重力により**水圧**などの外力に抵抗する形式のダムである。

- □ 重力式コンクリートダムの基礎処理は，**コンソリデーショングラウチング**と**カーテングラウチング**の施工が一般的である。

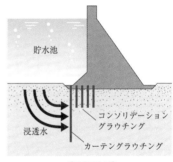
グラウチング

- □ 重力式コンクリートダムの堤体工は，**ブロック**割してコンクリートを打ち込む**ブロック**工法と堤体全面に水平に連続して打ち込む RCD 工法がある。

- □ 重力式コンクリートダム本体工事は，大量のコンクリートを打ち込むことから**骨材製造設備**や**コンクリート製造設備**をダム近傍に設置する。

- □ ダム堤体の各部に使用されるコンクリートの配合は場所によって異なり，**内部**コンクリート（RCD コンクリート等），**外部**コンクリート，**岩着**コンクリート，**構造**コンクリート（監査廊等）に分けられる。

☐ コンクリートの水平打継目に生じたレイタンスは，完全に硬化する前に圧力水や電動ブラシなどで除去する。

RCD工法（Roller Compacted Dam concrete）

☐ RCD工法は，超硬練りに配合されたコンクリートを一般にダンプトラックで運搬し，ブルドーザで敷き均し，振動ローラ等で締め固める。 出る★★★

☐ RCD用コンクリートの運搬に利用されるインクライン方法は，コンクリートをダンプトラックに積み，ダンプトラックごと斜面に設置された台車で直接堤体面上に運ぶ方法である。

☐ RCD用コンクリートの1回に連続して打ち込まれる高さをリフトという。

☐ RCD用コンクリートの敷均し後，堤体内に不規則な温度ひび割れの発生を防ぐため，横継目を振動目地切機等を使ってダム軸に対して直角方向に設ける。 出る★★★

☐ RCD工法での水平打継目は，各リフトの表面が構造的な弱点とならないように，一般的にモータースイーパーなどでレイタンスを取り除く。

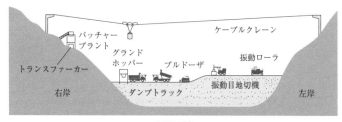

RCD工法

□ RCD 用コンクリートは，硬練りで単位セメント量と単位水量が少ないため，**水和発熱が小さく**，ひび割れを防止するコンクリートである。

□ コンクリート打設後の養生は，スプリンクラーやホースなどによる散水養生を行い，**パイプクーリング**は用いない。

フィルダム

□ フィルダムは，その材料に大量の岩石や土などを使用するダムであり，岩石を主体とするダムを**ロックフィルダム**という。

□ フィルダムは，ダム近傍でも材料を得やすいため，**運搬距離**が短く経済的に材料調達を行うことができる。

□ フィルダムは，コンクリートダムに比べて断面形状が**大きく**，底幅が広く，基礎地盤への伝達応力が小さいため，大きな基礎岩盤の強度を必要としない。遮水性の改良が可能ならば未固結岩・風化岩や砂礫基礎上にも築造可能である。

□ 中央コア型ロックフィルダムでは，一般的に堤体の**中央部**に遮水用の土質材料を用いる。

例題 1   R4 後期【No. 23】

ダムの施工に関する次の記述のうち，**適当でないもの**はどれか。
1. 転流工は，ダム本体工事を確実に，また容易に施工するため，工事期間中の河川の流れを迂回させるものである。
2. コンクリートダムのコンクリート打設に用いる RCD 工法は，単位水量が少なく，超硬練りに配合されたコンクリートをタイヤローラで締め固める工法である。
3. グラウチングは，ダムの基礎岩盤の弱部の補強を目的とした最も一般的な基礎処理工法である。
4. ベンチカット工法は，ダム本体の基礎掘削に用いられ，せん孔機械で穴をあけて爆破し順次上方から下方に切り下げていく掘削工法である。

解答 2

解説 1.の転流工は，ダム本体工事区域をドライに保つため，河川を一時迂回させる構造物であり，我が国では河川流量や地形等を考慮し，基礎岩盤内に仮排水トンネルを掘削する方式が多く用いられる。2.のRCD用のコンクリートは，超硬練りのコンクリートであるため，締固めには十分な締固め能力を有する振動ローラを用いる。3.の基礎処理のグラウチングには，基礎地盤と堤体の接触部付近の浸透流の抑制及び基礎地盤の一体化による変形の改良を行うコンソリデーショングラウチングと，浸透流の抑制を目的としたカーテングラウチングがある。4.のベンチカット工法は，平坦なベンチを造成し，階段状に切り下げる工法で，基礎岩盤に損傷を与えることが少なく大量掘削に対応できる。

例題2　　　　　　　　　　　　　　　　　　R3 前期【No. 23】改

　コンクリートダムにおける RCD 工法に関する次の記述のうち，**適当でないもの**はどれか。

1.　RCD 用コンクリートの運搬に利用されるインクライン方法は，コンクリートをダンプトラックに積み，ダンプトラックごと斜面に設置された台車で直接堤体面上に運ぶ方法である。
2.　RCD 用コンクリートの1回に連続して打ち込まれる高さをリフトという。
3.　RCD 工法では，コンクリートの運搬は一般にダンプトラックを使用し，ブルドーザで敷き均し，振動ローラなどで締め固める。
4.　RCD 用コンクリートの敷均し後，堤体内に不規則な温度ひび割れの発生を防ぐため，横継目を振動目地切機等を使ってダム軸と平行に設ける。

解答 4

解説 1.と3.は記述の通りである。2.の RCD コンクリートは，0.75mリフトの場合は3層，1mリフトの場合は4層にブルドーザ等で敷き均し，振動ローラで締め固める。4.の横継目はダム軸に対して直角方向に設ける。

02 トンネル (山岳工法)

▶▶ **パパっとまとめ**

山岳工法によるトンネルの掘削工法，掘削方法，支保工及び覆工コンクリートの施工方法と施工に関する留意点を理解する。

掘削工法・掘削方法

□ 全断面工法は，トンネルの全断面を一度に掘削する工法で，小断面のトンネルや，地質が安定した地山に用いられる。トンネルの全断面を一度に掘削する工法である。

□ ベンチカット工法は，一般にトンネルの断面を上半断面と下半断面に分割して掘進する工法である。**出る ★ ★ ★**

□ 導坑先進工法は，トンネル断面を数個の小さな断面に分け，徐々に切り広げていく工法である。

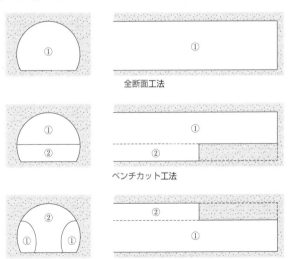

全断面工法

ベンチカット工法

導坑先進工法 (側壁導坑)

- [ ] 機械掘削は，発破掘削に比べて，地山を緩めることが少なく，騒音や振動が比較的少ない。

- [ ] 機械掘削は，ブーム掘削機やバックホゥ及び大型ブレーカなどによる**自由断面掘削方式**とトンネルボーリングマシンによる**全断面掘削方式**に大別できる。

- [ ] 発破掘削は，地質が**硬岩質**の場合に用いられる。 出る ★★★

- [ ] 発破掘削は，切羽の**中心**の一部を先に爆破し，これによって生じた新しい**自由面**を次の爆破に利用して掘削するものである。

- [ ] 発破掘削では，発破孔のせん孔に削岩機を移動式台車に搭載した**ドリルジャンボ**がよく用いられる。

- [ ] 発破掘削は，爆破のために**ダイナマイト**や ANFO 等の爆薬が用いられる。

- [ ] ずり運搬は，**レール方式**よりも，**タイヤ方式**の方が大きな勾配に対応できる。

支保工の施工

- [ ] 支保工は，掘削後の**断面維持**，岩石や土砂の**崩壊防止**，作業の**安全確保**のために設ける。

- [ ] 支保工の施工は，掘削後速やかに行い，支保工と**地山**をできるだけ密着あるいは一体化させ，地山を安定させる。

- [ ] 吹付けコンクリートの作業においては，はね返りを少なくするために，吹付けノズルを吹付け面に**直角**に保つ。

- [ ] 吹付けコンクリートは，地山の**凹凸**を残さないように吹き付け，地山との付着を確実にすることで，作用する土圧などを地山に分散する効果がある。 出る ★★★

□ 鋼アーチ式支保工は，一次吹付けコンクリート施工後，速やか
にＨ形鋼材等をアーチ状に組み立て，所定の位置に正確に建
て込む。出る★★★

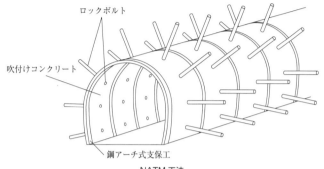

ロックボルト

吹付けコンクリート

鋼アーチ式支保工

NATM工法

□ 鋼アーチ式支保工は，吹付けコンクリートの補強や掘削断面の
切羽の早期安定などの目的で行う。

□ ロックボルトは，掘削によって緩んだ岩盤を緩んでいない地山
に固定し，落下を防止するなどの効果がある。

□ ロックボルトは，特別な場合を除き，トンネル横断方向に掘削
面に対して直角に設ける。

覆工コンクリートの施工

□ つま型枠は，打込み時のコンクリートの圧力に耐えられる構造
とする。

□ 覆工コンクリートの打込みは，一般に地山の変位が収束したこ
とを確認した後に行う。

□ 覆工コンクリートの打込み時には，適切な打上がり速度となる
ように，また型枠に偏圧がかからないように，覆工の左右均等
にできるだけ水平に連続して打ち込む。

☐ 締固めには，内部振動機を用い，打込み後速やかに締め固める。

☐ 養生は，打込み後，硬化に必要な温度及び湿度を保ち，適切な期間行う。

☐ 型枠の取外しは，コンクリートが必要な強度に達した後に行う。

トンネルの観察・計測

☐ 観察・計測は，掘削に伴う地山の変形などを把握できるように計画する。

☐ 観察・計測の頻度は，掘削直前から直後は密に，切羽が離れるに従って疎に設定する。

☐ 観察・計測の結果は，トンネルの現状を把握し，今後の予測や設計，施工に反映するために，計測データを速やかに整理する。

☐ 観察・計測の結果は，支保工の妥当性を確認するために活用できる。

例題 1

 R5 後期【No.24】

　　トンネルの山岳工法における掘削に関する次の記述のうち，**適当でないもの**はどれか。
1.　機械掘削は，発破掘削に比べて騒音や振動が比較的少ない。
2.　発破掘削は，主に地質が軟岩の地山に用いられる。
3.　全断面工法は，トンネルの全断面を一度に掘削する工法である。
4.　ベンチカット工法は，一般的にトンネル断面を上下に分割して掘削する工法である。

解答 2

解説 1.の機械掘削は，一般に中硬岩から軟岩及び未固結地山に適用され，騒音や振動が比較的少ないため，都市部のトンネルにおいて多く用いられる。発破掘削に比べ地山を緩めることが少なく，地質条件に適合すれば効率的な掘削が行える。2.の発破掘削は，主に硬岩から中硬岩の地山に用いられる。3.の全断面工法は，小断面のトンネルや地質が安定した地山に用いられる。4.のベンチカット工法は，切羽の安定性

が悪い場合などに用いられ，ロングベンチ，ショートベンチ，ミニベンチ工法がある。

R5前期【No. 24】

トンネルの山岳工法における支保工に関する次の記述のうち，**適当でないもの**はどれか。

1. ロックボルトは，緩んだ岩盤を緩んでいない地山に固定し落下を防止する等の効果がある。
2. 吹付けコンクリートは，地山の凹凸をなくすように吹き付ける。
3. 支保工は，岩石や土砂の崩壊を防止し，作業の安全を確保するために設ける。
4. 鋼アーチ式支保工は，一次吹付けコンクリート施工前に建て込む。

解答 4

解説 1.のロックボルトは，吹付けコンクリートや鋼製支保工と異なり，地山の内部から支保機能が発揮され，不安定な岩塊を深部の地山と一体化し，剥落や抜落ちを抑止するつり下げ効果や縫付け効果が期待できる。2.の吹付けコンクリートは，地山応力が円滑に伝達されるように，地山の凹凸を埋めるように吹き付ける。3.は記述の通りである。4.の鋼アーチ式支保工は，一般に地山が悪い場合に用いられ，初期荷重を負担する割合が大きいので，**一次吹付けコンクリート施工後**，速やかに所定の位置に正確に建て込む。

2

専門土木

01 海岸堤防

▶▶ **パパっとまとめ**

　海岸堤防の形式には，傾斜型，直立型，緩傾斜型，混成型があるが，各形式の適用条件と，傾斜型海岸堤防の構造名称を覚える。また，消波工における異形コンクリートブロックの積み方（層積み，乱積み）による違いを理解する。

海岸堤防の形式

☐ 傾斜型は，比較的軟弱な地盤で，堤防用地が容易に得られ，堤体土砂が容易に得られる場所に適している。**出る ★★★**

☐ 直立型は，比較的良好な地盤で，堤防用地が容易に得られない場合に適している。**出る ★★★**

☐ 直立型は，堤防前面の法勾配が 1：1 より急なものをいい，天端や法面の利用は困難である。

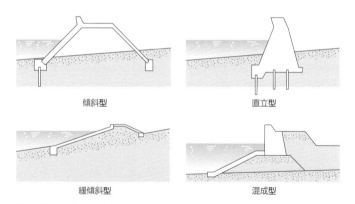

傾斜型 　　　　　　　　　　　　　　　直立型

緩傾斜型 　　　　　　　　　　　　　　混成型

出典：平成 25 年度　2 級土木施工管理技術検定学科試験問題 No. 45

□ 緩傾斜型は，堤防前面の法勾配が 1：3 より緩やかなものをいい，堤防用地が広く得られる場合や，海水浴場等に利用する場合に適している。

□ 混成型は，水深が割合に深く，比較的軟弱な基礎地盤に適している。出る★★★

異形コンクリートブロックによる消波工

□ 消波工は，波の打上げ高さを小さくすることや，波による圧力を減らすために堤防の前面に設けられる。

□ 異形コンクリートブロックは，ブロックとブロックの間を波が通過することにより，波のエネルギーを減少させる。

□ 異形コンクリートブロックは，海岸堤防の消波工の他に，海岸の浸食対策としても多く用いられる。

□ 層積みは，規則正しく配列する積み方で整然と並び，外観が美しく，設計どおりの据付けができ安定性が良いが，捨石均し面に凹凸があると据付けに支障が生じ手間がかかる。出る★★★

□ 層積みは，乱積みに比べて据付けに手間がかかり，海岸線の曲線部等の施工は難しい。出る★★★

□ 乱積みは，層積みに比べて据付けが容易であるが，据付け時にブロック間や基礎地盤とのかみ合わせが不十分な箇所が生じるため，据付け時の安定性は劣る。

□ 乱積みは，荒天時の高波を受けるたびに沈下し，徐々にブロックどうしのかみ合わせが良くなり安定してくる。出る★★★

傾斜型海岸堤防

□ 傾斜型海岸堤防の構造名称 出る★★★

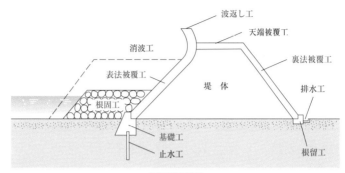

傾斜型海岸堤防

R5 後期【No.25】

海岸堤防の形式の特徴に関する次の記述のうち，**適当でないもの**はどれか。

1. 直立型は，比較的良好な地盤で，堤防用地が容易に得られない場合に適している。
2. 傾斜型は，比較的軟弱な地盤で，堤体土砂が容易に得られる場合に適している。
3. 緩傾斜型は，堤防用地が広く得られる場合や，海水浴場等に利用する場合に適している。
4. 混成型は，水深が割合に深く，比較的良好な地盤に適している。

解答 4

解説 2.の傾斜型は，比較的軟弱な地盤で，堤防用地が容易に得られ，堤体土砂が容易に得られる場所に適している。4.の混成型は，傾斜型と直立型の特性を生かして，水深が割合に深く，比較的軟弱な地盤に適している。

例題2

R4 前期【No. 25】

海岸における異形コンクリートブロック（消波ブロック）による消波工に関する次の記述のうち，**適当なもの**はどれか。

1. 乱積みは，層積みに比べて据付けが容易であり，据付け時は安定性がよい。
2. 層積みは，規則正しく配列する積み方で外観が美しいが，安定性が劣っている。

3. 乱積みは，高波を受けるたびに沈下し，徐々にブロックのかみ合わせが良くなり安定する。
4. 層積みは，乱積みに比べて据付けに手間がかかるが，海岸線の曲線部等の施工性がよい。

解答 3

解説 1.の乱積みは，層積みに比べて据付けが容易であるが，据付け時にブロック間や基礎地盤とのかみ合わせが不十分な箇所が生じるため，据付け時の安定性は劣る。2.の層積みは，規則正しく配列する積み方で外観が美しく，施工当初から安定性も優れている。3.は記述の通りである。4.の層積みは，乱積みに比べて据付けに手間がかかり，直線部に比べ曲線部の施工は難しい。

例題3　　　　　　　　　　　　　　　　　　　　H30 後期【No. 25】

下図は傾斜型海岸堤防の構造を示したものである。図の（イ）～（ニ）の構造名称に関する次の組合せのうち，**適当なものはどれか。**

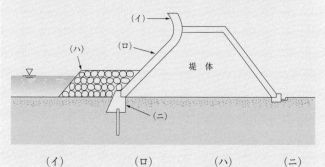

	（イ）	（ロ）	（ハ）	（ニ）
1.	表法被覆工	根固工	波返し工	基礎工
2.	波返し工	表法被覆工	基礎工	根固工
3.	表法被覆工	基礎工	波返し工	根固工
4.	波返し工	表法被覆工	根固工	基礎工

解答 4

解説 （イ）は波返し工，（ロ）は表法被覆工，（ハ）は根固工，（ニ）は基礎工である。

02 ケーソン式混成堤の施工

▶▶ パパっとまとめ

防波堤は下図に示す，傾斜堤，直立堤，混成堤に分けられる。特にケーソン式混成堤の施工方法と留意事項について理解する。

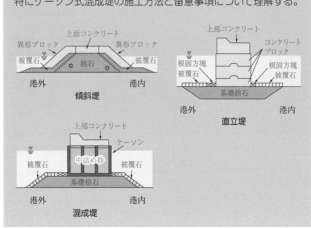

防波堤

□ 傾斜堤は，水深が深い大規模な防波堤では，大量の材料や労力が必要となるため採用されにくい。

□ 直立堤は，傾斜堤より使用する材料は少ないが，波の反射が大きい。

□ 直立堤は，地盤が堅固で，波による洗掘のおそれのない場所に用いられる。

□ 混成堤は，捨石部と直立部の両方を組み合わせることから，防波堤を小さくすることができる。

ケーソン式混成堤の施工

☐ ケーソンのそれぞれの隔壁には，えい航，浮上，沈設を行うため，水位を調整しやすいように，通水孔を設ける。 出る★★★

☐ ケーソンは，波の静かなときを選び，一般にケーソンにワイヤーをかけて，引船でえい航する。

☐ ケーソンは，波浪や風などの影響でえい航直後の据付けが困難な場合には，波浪のない安定した時期まで沈設して仮置きする。

☐ ケーソンは，海面が常におだやかで，大型起重機船が使用できるなら，進水したケーソンを据付け場所までえい航して据え付けることができる。 出る★★★

☐ ケーソンの底面が据付け面に近づいたら，注水を一時止め，潜水士によって正確な位置を決めたのち，再び注水して正しく据え付ける。 出る★★★

☐ ケーソンは，据付け後すぐに内部に中詰めを行って，ケーソンの質量を増し，安定性を高める。 出る★★★

☐ ケーソンの中詰め材は，土砂，割り石，コンクリート，プレパックドコンクリートなどを使用する。

☐ ケーソンの中詰め材の投入には，一般にガット船を使用する。

☐ ケーソンの中詰め後は，波により中詰め材が洗い流されないように，ケーソンの蓋となるコンクリートを打設する。 出る★★★

例題 1

R3 後期【No. 26】

　ケーソン式混成堤の施工に関する次の記述のうち，**適当でないもの**はどれか。

2

専門土木

1. 据え付けたケーソンは，すぐに内部に中詰めを行って，ケーソンの質量を増し，安定性を高める。
2. ケーソンのそれぞれの隔壁には，えい航，浮上，沈設を行うため，水位を調整しやすいように，通水孔を設ける。
3. 中詰め後は，波によって中詰め材が洗い出されないように，ケーソンの蓋となるコンクリートを打設する。
4. ケーソンの据付けにおいては，注水を開始した後は，中断することなく注水を連続して行い，速やかに据え付ける。

解答 4

解説 1.と3.のケーソンは，据付け後，その安定を保つため，設計上の単位体積質量を満足する材料を直ちに中詰め，蓋コンクリートの施工を行う。2.は記述の通りである。4.のケーソンの据付けは，ケーソンの底面が据付け面に近づいたら，注水を一時止め，潜水士によって正確な位置を決めたのち，再び注水して正しく据え付ける。

例題2

R3 前期【No. 26】改

ケーソン式混成堤の施工に関する次の記述のうち，**適当でないもの**はどれか。
1. ケーソンは，海面がつねにおだやかで，大型起重機船が使用できるなら，進水したケーソンを据付け場所までえい航して据付けることができる。
2. ケーソンは，波の静かなときを選び，一般にケーソンにワイヤをかけて，引き船でえい航する。
3. ケーソンの中詰め材の投入には，一般に起重機船を使用する。
4. ケーソンは，えい航直後の据付けが困難な場合には，波浪のない安定した時期まで沈設して仮置きする。

解答 3

解説 1.と2.は記述の通りである。3.の中詰め材の投入には，一般にガット船を使用し，中詰め材を所定の高さまで投入後，バックホウと人力にて天端を均す。4.のケーソンが，波浪や風等の影響でえい航直後の据付けが困難な場合には，仮置きマウント上までえい航し，注水して沈設仮置きする。

03 浚渫工事

▶▶ **ババっとまとめ**
　非航式グラブ浚渫船の標準的な船団の構成と，グラブ浚渫船の適用現場条件，また浚渫の特徴を覚える。

グラブ浚渫船による施工

☐ グラブ浚渫船は，ポンプ浚渫船に比べ，底面を平坦に仕上げるのが難しい。**出る★★★**

☐ グラブ浚渫船は，岸壁等の構造物前面の浚渫や狭い場所での浚渫にも使用できる。**出る★★★**

☐ 非航式グラブ浚渫船の標準的な船団は，**グラブ浚渫船，引船，非自航土運船，自航揚錨船**が一組となって構成される。
出る★★★

☐ **余掘り**は，計画した浚渫の範囲を一定した水深に仕上げるために必要である。

☐ 出来形確認測量には，原則として**音響測深機**により，グラブ浚渫船が工事現場にいる間に行う。**出る★★★**

例題

グラブ浚渫船による施工に関する次の記述のうち，**適当なものはどれ**か。

1. グラブ浚渫船は，ポンプ浚渫船に比べ，底面を平坦に仕上げるのが容易である。
2. グラブ浚渫船は，岸壁等の構造物前面の浚渫や狭い場所での浚渫には使用できない。
3. 非航式グラブ浚渫船の標準的な船団は，グラブ浚渫船と土運船のみで構成される。
4. 出来形確認測量は，音響測深機等により，グラブ浚渫船が工事現場にいる間に行う。

解答 4

解説 1. のポンプ浚渫船は，吸水管の先端に取り付けられたカッターヘッドが海底の土砂を切り崩し，ポンプで土砂を吸引し，排砂管により埋立地などへ運搬する。グラブ浚渫船は，グラブバケットで海底の土砂をつかんで浚渫する工法で，浚渫断面の余掘り厚，法面余掘り幅を大きくする必要があるため，ポンプ浚渫船に比べ底面を平たんに仕上げるのが難しい。2. のグラブ浚渫船は，中小規模の浚渫に適し，浚渫深度や土質の制限が少なく，適用範囲は極めて広く，岸壁等の構造物前面の浚渫や狭い場所での浚渫にも使用できる。3. の非航式グラブ浚渫船の標準的な船団は，一般的にグラブ浚渫船の他，引船，非自航土運船，自航揚錨船が一組となって構成される。4. の出来形確認測量は，原則として音響測深機を用い，岸壁直下，測量船が入れない浅い場所，ヘドロの堆積場所等は，錘とロープを用いたレッド測深を用いることもある。なお浚渫済みの箇所に堆砂があった場合は再施工が必要なため，出来形確認測量は浚渫船が工事現場にいる間に行う。

01 鉄道

▶▶ **パパっとまとめ**
線路は，レールや道床などの軌道とこれを支える基礎の路盤から構成される。軌道の用語を覚え，道床，路盤，路床の役割と施工の留意点を理解する。また，バラストに求められる品質も覚える。

2
専門土木

軌道の用語

☐ 軌道は，列車通過の繰り返しにより**変位**が生じやすいため，日常の点検と保守作業が不可欠である。

☐ **ロングレール**とは，軌道の欠点である継目をなくすために，溶接でつないでレールを 200m 以上としたものである。

☐ **定尺レール**とは，標準長さのレールのことであり，一般的に 1 本 25m である。

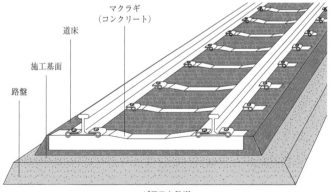

バラスト軌道

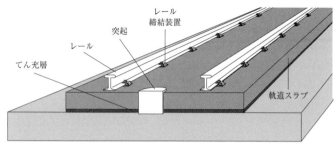

スラブ軌道

- □ **レールレベル**とは，軌道高のことで，路盤の高さを示す基準面は**施工基面**という。

- □ **有道床軌道**とは，**バラスト道床**を用いた軌道構造である。

- □ **バラスト**とは，マクラギと路盤の間に用いられる砂利，砕石などの粒状体のことをいう。

- □ **スラブ軌道**は，**プレキャストコンクリート版**の上にレールを敷く構造であり，軌道保守作業の軽減を目的に開発された**省力化**軌道の一つである。

- □ **マクラギ**は，軌間を一定に保持し，レールから伝達される**列車荷重**を広く道床以下に分散させる役割を担うものである。

- □ **マクラギ**は，レールを強固に締結し，十分な強度を有する他，**耐用年数**が長いものが良い。

- □ **緩和曲線**は，鉄道車両の走行を円滑にするために直線と円曲線，または二つの曲線の間に設けられる特殊な線形である。

- □ **軌間**とは，レールの車輪走行面より下方の所定距離以内における左右レール頭部間の最短距離のことをいう。

- □ **カント**とは，車両が曲線を通過するときに，遠心力により外方に転倒するのを防ぎ，乗り心地を良くするために**外側**のレールを高くすることをいう。出る★★★

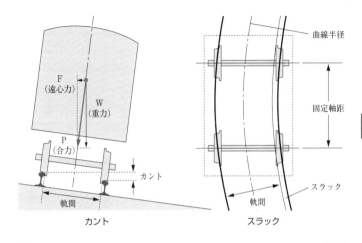

カント

スラック

□ **スラック**は，曲線部において列車通過を円滑にするための**軌間**の拡大のことをいう。

□ 線路閉鎖工事とは，線路内で，列車や車両の進入を中断して行う工事のことをいう。

鉄道の道床，路盤，路床

□ 道床の役割は，**マクラギ**から受ける圧力を均等に広く**路盤**に伝えることや，**排水**を良好にすることである。

□ バラスト道床は，安価で施工・保守が**容易**であるが定期的な軌道の**修正・修復**が必要である。

□ バラストは，強固で**耐摩耗性**に優れ，**単位容積質量**や**せん断抵抗角**が大きく，**吸水率**が小さい，適当な**粒径**と**粒度**を持つ砕石を使用する。 出る ★ ★ ★

□ バラストに砕石が用いられる理由は，**荷重の分布**効果に優れ，列車荷重や**振動**に対して崩れにくく，**マクラギ**の移動を抑える抵抗力が大きいためである。

☐ バラストを貯蔵する場合は、大小粒が**分離**ならびに異物が混入しないようにしなければならない。

☐ 路盤とは、軌道（道床）を直接支持し、路床への荷重の分散伝達をする部分をいい、十分強固で適当な弾性を有し、3%程度の**排水勾配**を設けることにより、道床内の水を速やかに排除する役割を担うものである。**出る★★★**

☐ 路盤には、使用材料により、粒度調整砕石を用いた**強化路盤**、良質土を用いた**土路盤**等がある。

☐ 路床は、路盤の荷重が伝わる部分であり、切取地盤の路床では路盤下に**排水層**を設ける。

☐ 路床は、地下水及び路盤からの**浸透水**の排水のため、排水工設置位置に向かって 3%の勾配を設ける。

砕石路盤

☐ 軌道を安全に支持し、路床へ荷重を分散伝達し、有害な**沈下**や**変形**を生じない等の機能を有すること。

☐ 締固めの施工がしやすく、**外力**に対して安定を保ち、かつ、有害な変形が生じないよう、圧縮性が小さい材料を用いる。

☐ 施工は、材料の**均質性**や**気象条件**等を考慮して、所定の仕上り厚さ、締固めの程度が得られるように入念に行う。

☐ 施工管理においては、路盤の**層厚**、**平坦性**、締固めの程度等が確保できるよう留意する。

例題 1   R5 後期【No.27】

鉄道の「軌道の用語」と「説明」に関する次の組合せのうち、**適当でないもの**はどれか。

	[軌道の用語]		[説明]
1.	スラック	…………	曲線部において列車の通過を円滑にするために軌間を縮小する量のこと
2.	カント	…………	曲線部において列車の転倒を防止するために曲線外側レールを高くすること
3.	軌間	…………	両側のレール頭部間の最短距離のこと
4.	スラブ軌道	………	プレキャストのコンクリート版を用いた軌道のこと

解答 1

解説 1.のスラックは，曲線部において列車通過を円滑にするために軌間を拡大する量のことであり，車両の固定軸距と曲線半径等から決定される。2.と3.と4.は記述の通りである。

例題2

R5 前期【No. 27】

鉄道工事における道床及び路盤の施工上の留意事項に関する次の記述のうち，**適当でないもの**はどれか。
1. バラスト道床は，安価で施工・保守が容易であるが定期的な軌道の修正・修復が必要である。
2. バラスト道床は，耐摩耗性に優れ，単位容積質量やせん断抵抗角が小さい砕石を選定する。
3. 路盤は，軌道を支持するもので，十分強固で適当な弾性を有し，排水を考慮する必要がある。
4. 路盤は，使用材料により，粒度調整砕石を用いた強化路盤，良質土を用いた土路盤等がある。

解答 2

解説 1.のバラスト道床は，列車の繰返し荷重により道床部分に各種のひずみと変形を生じ，軌道狂いの原因となるため，定期的な軌道の修正・修復が必要である。2.のバラスト道床の砕石には，①吸水率が小さく排水が良好である，②材質が強固でじん性に富み，摩損や風化に耐える，③単位容積質量やせん断抵抗角が大きい，④適当な粒径と粒度を有し，突固めその他の作業が容易である，⑤粘土・沈泥・有機物を含まない，⑥列車荷重により破砕されにくい，⑦どこでも多量に得られて廉価である等の性質が必要である。3.の路盤は，列車の走行安定を確保するために軌道を十分強固に支持し，適切な弾性を与えると

ともに，路床の軟弱化防止，路床への荷重の分散伝達及び排水勾配を設けることにより道床内の水を速やかに排除するよう考慮する。
4.の路盤には，土路盤と強化路盤（砕石路盤とスラグ路盤）がある。土路盤は，良質な自然土クラッシャラン等の単一層から成る。砕石路盤は，粒度調整砕石粒度調整高炉スラグ砕石を使用し，路盤上部には耐摩耗性と雨水の浸透防止を考慮したアスファルト・コンクリート舗装が施されている。スラグ路盤は，水硬性粒度調整高炉スラグ砕石から成る単一路盤である。

例題3

鉄道工事における道床バラストに関する次の記述のうち，**適当でないもの**はどれか。
1. 道床の役割は，マクラギから受ける圧力を均等に広く路盤に伝えることや，排水を良好にすることである。
2. 道床バラストは，列車荷重の衝撃力を分散させるため，単一な粒径の材料を用いる。
3. 道床バラストに砕石が用いられる理由は，荷重の分布効果に優れ，マクラギの移動を抑える抵抗力が大きいためである。
4. 道床バラストを貯蔵する場合は，大小粒が分離ならびに異物が混入しないようにしなければならない。

解答 2

解説 1.の道床の役割は，①マクラギから受ける圧力を均等に広く路盤に伝える，②マクラギ位置を固定する，③荷重を受けて自ら変位することにより衝撃力を緩和し，他の軌道材料の破壊を低減する，④良好に排水することである。2.の道床に用いるバラストは，①吸水率が小さく排水が良好である，②材質が強固でじん性に富み，摩損や風化に耐える，③単位容積重量，安息角が大きい，④適当な粒径と粒度を有し，突固めその他の作業が容易である，⑤粘土・沈泥・有機物を含まない，⑥列車荷重により破砕されにくい，⑦どこでも多量に得られて廉価である等の性質が必要である。3.の道床バラストに砕石が用いられる理由は，荷重の分布効果に優れ，列車から伝わる振動加速度に対して崩れにくく，マクラギの移動を抑える抵抗力が大きいためである。4.の道床バラストを貯蔵する場合は，大小粒の分離を防ぐとともに，じんあい，土砂等が混入しないようにする。

02 営業線近接工事

▶▶ パパっとまとめ

　鉄道（在来線）の営業線内工事における工事管理者等や列車見張員等の保安要員の配置，職務等について理解する。また営業線近接工事における保安対策も覚える。

2

専門土木

建築限界と車両限界

☐ 車両限界とは，車両が超えてはならない空間を示すものである。

☐ 建築限界とは，建造物等が入ってはならない空間を示すものである。

☐ 建築限界は，車両限界の外側に最小限必要な余裕空間を確保したものである。

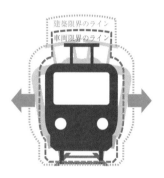

建築限界と車両限界

☐ 曲線区間における建築限界は，車両の偏いに応じて拡大しなければならない。

鉄道（在来線）の営業線内工事における工事保安体制

☐ 工事管理者は，工事現場ごとに専任の者を常時配置し，工事の内容及び施工方法等，必要により複数配置する。出る★★★

☐ 工事管理者は，「工事管理者資格認定証」を有する者でなければならない。

☐ 軌道工事管理者は，工事現場ごとに専任の者を常時配置し，工事の内容及び施工方法等，必要により複数配置する。

- [ ] 軌道作業責任者は，作業集団ごとに専任の者を常時配置し，工事の内容及び施工方法等，必要により複数配置する。

- [ ] 列車見張員及び特殊列車見張員は，工事現場ごとに専任の者を配置し，必要により複数配置する。 **出る** ★★★

- [ ] 1名の列車見張員では見通し距離を確保できない場合は，見通し距離を確保できる位置に中継見張員を増員する。

- [ ] 停電責任者は，き電停止工事を施行する場合に配置する。

- [ ] 線閉責任者は，線路閉鎖工事を施行する場合に配置する。

鉄道の営業線近接工事の保安対策

- [ ] 営業線での安全確保のため，所要の防護柵を設け定期的に点検する。

- [ ] **列車見張員**は，信号炎管・合図灯・呼笛・時計・時刻表・緊急連絡表を携帯しなければならない。

- [ ] **列車見張員**は，列車などが所定の位置に接近したときは，あらかじめ定められた方法により，作業員などに対し列車接近の合図をしなければならない。

- [ ] 列車接近合図を受けた場合は，作業員等は支障物の有無を確認し待避する。

- [ ] 複線以上の路線での積卸しの場合は，**列車見張員**を配置し，建築限界をおかさないように材料を置く。

- [ ] 線閉責任者は，工事または作業終了時における列車または車両の運転に対する支障の有無の工事管理者等への確認を行う。

- [ ] 線閉責任者は，線路閉鎖工事が作業時間帯に終了できないと判断した場合は，施設指令員に連絡しその指示を受ける。

□ 保安管理者は，**工事指揮者**と相談し，**事故防止責任者**を指導し，列車の安全運行を確保する。

□ **重機械**の運転者は，重機械安全運転の講習会修了証の写しを添えて，監督員等の承認を得る。

□ 営業線に近接した**重機械**による作業は，列車の近接から通過の完了まで作業を**一時中止**する。 出る ★★★

□ 重機械の使用を変更する場合は，必ず**監督員**などの承諾を受けて実施すること。

□ 工事用自動車を使用する場合は，工事用自動車運転資格証明書を携行すること。

□ ダンプ荷台やクレーンブームは，これを下げたことを確認してから走行すること。

□ 工事場所が信号区間では，バール・スパナ・スチールテープなどの金属による**短絡（ショート）**を防止する。 出る ★★★

□ 工事現場において事故発生または事故発生のおそれがある場合は，直ちに**列車防護**の手配をとるとともに関係箇所へ連絡しなければならない。

例題 1   R5 後期【No.28】

　鉄道（在来線）の営業線内及びこれに近接した工事に関する次の記述のうち，**適当でないもの**はどれか。
1. 重機械による作業は，列車の近接から通過の完了まで建築限界をおかさないよう注意して行う。
2. 工事場所が信号区間では，バール・スパナ・スチールテープ等の金属による短絡を防止する。
3. 営業線での安全確保のため所要の防護柵を設け定期的に点検する。
4. 重機械の運転者は，重機械安全運転の講習会修了証の写しを添え，監督員等の承認を得る。

2

専門土木

123

解答 1

解説 1.の重機械による作業は，列車の近接から通過の完了まで作業を一時中止する。2.の信号区間では，2本のレールを車両（車輪と車軸）が短絡（ショート）することにより，列車の存在を検知するため，金属による短絡を防止する。3.と4.は記述の通りである。

例題2

鉄道（在来線）の営業線内工事における工事保安体制に関する次の記述のうち，**適当でないもの**はどれか。
1. 列車見張員は，工事現場ごとに専任の者を配置しなければならない。
2. 工事管理者は，工事現場ごとに専任の者を常時配置しなければならない。
3. 軌道作業責任者は，工事現場ごとに専任の者を配置しなければならない。
4. 軌道工事管理者は，工事現場ごとに専任の者を常時配置しなければならない。

解答 3

解説 1.の列車見張員及び特殊列車見張員（軌道保守工事・作業，指定された土木工事に配置）は，工事現場ごとに専任の者を配置し，必要により複数配置する。なお見通し距離を確保できない場合は，中継見張員を配置する。2.の工事管理者は，工事現場ごとに専任の者を常時配置し，工事の内容及び施工方法等，必要により複数配置する。3.の軌道作業責任者は，作業集団ごとに専任の者を常時配置し，工事の内容及び施工方法等，必要により複数配置する。4.の軌道工事管理者は，工事現場ごとに専任の者を常時配置し，工事の内容及び施工方法等，必要により複数配置する。

03 シールド工法

▶▶▶
パパっとまとめ

シールド工法には，開放型と密閉型があり，密閉型には掘削時に切羽を安定させる方法の違いにより，土圧式シールド工法や泥水式シールド工法などがある。各方式のシールド機の構造と掘削の特徴を覚える。

シールド工法

□ シールド工法は，開削工法が困難な都市部の**下水道工事**や**地下鉄工事**をはじめ，**海底道路トンネル**や**地下河川**の工事等で用いられる。出る★★★

□ シールド工法は，シールドを**ジャッキ**で推進し，掘削しながらコンクリート製や鋼製の**セグメント**で覆工を行う工法である。

□ **密閉型シールド**は，フード部とガーダー部が隔壁で仕切られている。

□ **開放型シールド**は，フード部とガーダー部が隔壁で仕切られていない。

□ 土圧式シールド工法と泥水式シールド工法の切羽面の構造は，密閉型シールドである。

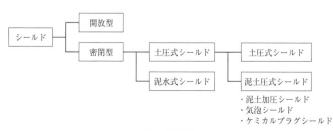

シールド工法

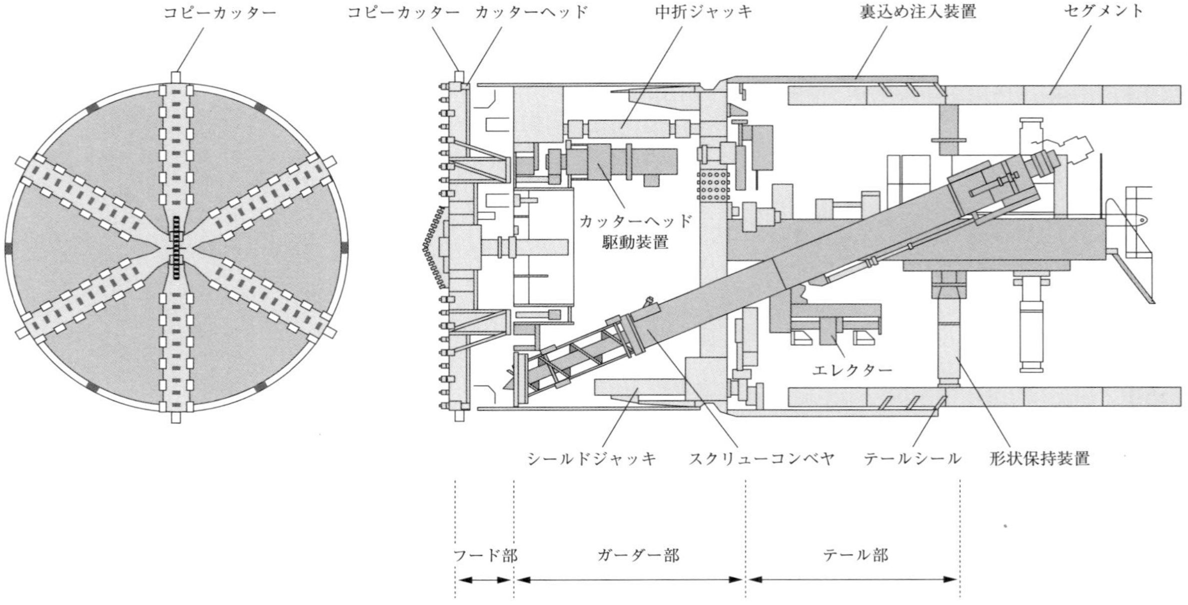

泥土圧シールド構造図

セグメント

裏込め注入装置

中折ジャッキ

カッターヘッド

コピーカッター

形状保持装置

テールシール

エレクター

シールドジャッキ

スクリューコンベヤ

カッターヘッド駆動装置

テール部

ガーダー部

フード部

コピーカッター

126

□ シールド工法に使用される機械は，**フード**部，**ガーダー**部，**テール**部からなる。出る ★★★

□ シールドの**フード**部は，トンネル掘削する**切削機械**を備えている。

□ シールドの**ガーダー**部は，カッターヘッド駆動装置，排土装置やシールドを推進させる**ジャッキ**等の**機械装置**が格納されている。

□ シールドの**テール**部には，セグメントの組立て覆工作業を行う**エレクター**や裏込め注入を行う注入管，**テールシール**等を装備している。出る ★★★

□ 覆工に用いるセグメントの種類は，**コンクリート**製や鋼製のものがある。

□ セグメントの外径は，シールドの掘削外径よりも小さくなる。

□ シールド掘進後は，セグメント外周に生じる空隙には**モルタル**等を注入し，地盤の緩みと**沈下**を防止する。

□ **発進立坑**は，シールド機の掘削場所への搬入や掘削土の搬出などのために用いられる。

泥水式シールド工法

□ 泥水式シールド工法は，切羽に**隔壁**を設けて，この中に泥水を**循環**させ，切羽の安定を保つと同時に，カッターで切削された土砂を泥水とともに坑外まで**流体輸送**する工法である。
出る ★★★

□ 泥水式シールド工法は，大きい径の礫を排出するのに適していない。出る ★★★

土圧式シールド工法，泥土圧式シールド工法

☐ 土圧式シールド工法は，一般に粘性土地盤に適している。

☐ 土圧式シールド工法は，**スクリューコンベヤで排土を行う工法**である。

☐ 土圧式シールド工法は，**切羽の土圧**と**掘削土砂**が平衡を保ちながら掘進する工法である。 出る★★★

☐ 土圧式シールドと泥土圧式シールドの違いは，**添加材注入**装置の有無である。

☐ 泥土圧式シールド工法は，掘削した土砂に**添加材**を注入して泥土状とし，その泥土圧を切羽全体に作用させて平衡を保つ工法である。

例題 1
R4 後期【No. 29】

シールド工法に関する次の記述のうち，**適当でないもの**はどれか。
1. シールド工法は，開削工法が困難な都市の下水道工事や地下鉄工事をはじめ，海底道路トンネルや地下河川の工事等で用いられる。
2. シールド工法に使用される機械は，フード部，ガーダー部，テール部からなる。
3. 泥水式シールド工法では，ずりがベルトコンベアによる輸送となるため，坑内の作業環境は悪くなる。
4. 土圧式シールド工法は，一般に粘性土地盤に適している。

解答 3

解説 1.は記述の通りである。2.のシールド工法に使用される機械は，泥圧や泥水加圧により切羽を安定させ，切削機構で掘削作業を行うフード部，カッターヘッド駆動装置，排土装置やジャッキなどの機械装置を格納するガーダー部，セグメントの組立て覆工作業を行うエレクターや裏込め注入を行う注入管，テールシールなどを備えたテール部からなる。3.の泥水式シールド工法は，切羽に隔壁を設けて，この中に泥水を循環させ，切羽の安定を保つと同時に，カッターで切削された土砂を泥水とともに坑外まで**流体輸送**する工法である。4.の土圧

式シールド工法は，掘削土を泥土化し，それに所定の圧力を与えて切羽の安定を図るもので，粘土，シルトからなる土層では，カッターの切削作用により，掘削土砂の流動性が保持される。掘削土を泥土化させる添加剤の注入装置の有無により，土圧式シールドと泥土圧式シールドに分けられる。

例題2

シールド工法の施工に関する次の記述のうち，**適当でないもの**はどれか。
1. セグメントの外径は，シールドの掘削外径よりも小さくなる。
2. 覆工に用いるセグメントの種類は，コンクリート製や鋼製のものがある。
3. シールドのテール部には，シールドを推進させるジャッキを備えている。
4. シールド推進後に，セグメント外周に生じる空隙にはモルタル等を注入する。

解答 3

解説 1.のシールドの外径は，セグメントリングの外径，テールクリアランス及びテールスキンプレート厚を考慮して決定するため，セグメントの外径はシールドで掘削される掘削外径より小さくなる。2.のセグメントには，材質別に鉄筋コンクリート製セグメント，鋼製セグメント，合成セグメントがある。3.のテール部には，セグメントの組立て覆工作業を行うエレクターや裏込め注入を行う注入管，テールシール等を装備している。ジャッキは，シールドの主体構造でありカッター駆動部，排土装置等の機器装置が格納されているガーダー部にある。4.のセグメント外周に生じた空隙には，セグメントに設けられた注入孔やテール部に設けられた注入管からモルタル等を裏込め注入する。

例題 3

シールド工法に関する次の記述のうち，**適当でないもの**はどれか。

1.　泥水式シールド工法は，巨礫の排出に適している工法である。

2.　土圧式シールド工法は，切羽の土圧と掘削土砂が平衡を保ちながら掘進する工法である。

3.　土圧シールドと泥土圧シールドの違いは，添加材注入装置の有無である。

4.　土圧式シールド工法は，スクリューコンベヤで排土を行う工法である。

解答 1

解説 1.の泥水式シールド工法は，砂礫，砂，シルト，粘土層または互層で地盤の固結が緩く軟らかい層や含水比が高く安定しない層など，広範囲の土質に適するが，カッタースリットから取り込まれた巨礫は配管やポンプ閉塞を生ずるおそれがあるため，礫除去装置で除去するかクラッシャーで破砕する必要がある。2.の土圧式シールド工法は，掘削土を泥土化し，それに所定の圧力を与えて切羽の安定を保ちながら掘進する工法である。3.の土圧シールドと泥土圧シールドの違いは，掘削土を泥土化させるのに必要な添加材注入装置の有無である。4.は記述の通りである。

01 上水道

▶▶ **ババっとまとめ**
　上水道の管布設工における留意点，管の材質の違いによる特徴，また管渠の継手の施工の留意点について理解する。

上水道の管布設工

☐ 管の切断は，管軸に対して直角に行う。

☐ 管の据付けに先立ち，十分管体検査を行い，**亀裂**その他の**欠陥**がないことを確認する。

☐ 管のつり下ろしで，土留め用切りばりを一時取り外す場合は，必ず適切な**補強**を施す。

☐ 管を掘削溝内につり下ろす場合は，溝内のつり下ろし場所に**作業員**を立ち入らせない。

☐ 管の布設は，原則として**低所**から**高所**に向けて行う。**出る★★★**

☐ 管の布設にあたっては，受口のある管は受口を高所に向けて配管する。

☐ 埋戻しは**片埋め**にならないように注意し，現地盤と同程度以上の**密度**になるよう締め固める。

☐ 一日の布設作業完了後は，管内に土砂，汚水等が流入しないよう**木蓋**等で管端部をふさぐ。

☐ ダクタイル鋳鉄管の切断は，直管は**切断機**で行うことを標準とするが，曲管，Ｔ字管などの異形管は切断しない。**出る★★★**

☐ ダクタイル鋳鉄管は，表示記号の管径，年号の記号を**上**に向けて据え付ける。**出る★★★**

131

□ 鋼管の運搬にあたっては，管端の**非塗装**部分に当て材を介して支持する。

□ 鋼管の据付けは，管体保護のため基礎に良質の砂を敷き均して行う。**出る ★★★**

導水管や配水管の特徴

□ 鋼管は，**強度が大きく，強靭性があり，衝撃に強く，加工性**が良いが，内外の防食面に損傷を受けると**腐食**しやすい。

□ ステンレス鋼管は，**強度が大きく，耐久性**があり，**ライニング**や塗装を必要としない。

□ ステンレス鋼管は，**異種金属**と接続させる場合は**絶縁処理**を必要とする。

□ ダクタイル鋳鉄管は，**管体強度が大きく，じん性**に富み，**耐腐食性**があり，**衝撃に強く，施工性**が良い。

□ 硬質塩化ビニル管は，**内面粗度が変化せず，耐腐食性や耐電食性**に優れ，質量が小さく**施工性**に優れる。**出る ★★★**

管渠の継手

□ 鋼管は，**溶接継手**により一体化でき，地盤の変動には管体の強度及び**変形能力**で対応するが，温度変化による**伸縮継手**等が必要である。

□ ダクタイル鋳鉄管に用いる**メカニカル継手**は，伸縮性や可とう性があり，地盤の変動に追従できる。

□ ダクタイル鋳鉄管は，継手の種類によって**異形管防護**を必要とし，管の**加工**がしにくい。

□ ダクタイル鋳鉄管の接合にあたっては，**グリース**などの油類は使用しないようにし，ダクタイル鋳鉄用の**滑剤**を使用する。

□ 硬質塩化ビニル管は，**低温度**時に耐衝撃性が**低く**，接着した継手の強度や**水密性**に注意する。

□ ポリエチレン管は，重量が軽く，雨天時や湧水地盤では**融着**継手の施工が困難である。

例題 1

R4 後期【No. 30】

　上水道の管布設工に関する次の記述のうち，**適当でないもの**はどれか。
1. 管の布設は，原則として低所から高所に向けて行う。
2. ダクタイル鋳鉄管の据付けでは，管体の管径，年号の記号を上に向けて据え付ける。
3. 一日の布設作業完了後は，管内に土砂，汚水等が流入しないよう木蓋等で管端部をふさぐ。
4. 鋳鉄管の切断は，直管及び異形管ともに切断機で行うことを標準とする。

解答　4

解説　1.と3.は記述の通りである。2.のダクタイル鋳鉄管の据付けにあたっては，管体の表示記号を確認するとともに，管径，年号の記号を上に向けて据え付ける。4.の鋳鉄管の切断は，直管は切断機で行うことを標準とするが，曲管，Ｔ字管などの異形管は**切断しない**。

例題 2

R4 前期【No. 30】改

　上水道の管布設工に関する次の記述のうち，**適当でないもの**はどれか。
1. 管の据付けに先立ち，十分管体検査を行い，亀裂その他の欠陥がないことを確認する。
2. 管のつり下ろしで，土留め用切梁を一時取り外す場合は，必ず適切な補強を施す。
3. 鋼管の据付けは，管体保護のため基礎に砕石を敷き均して行う。
4. 埋戻しは片埋めにならないように注意し，現地盤と同程度以上の密度になるよう締め固める。

解答 3

解説 1. は記述の通りである。2. の切梁を一時的に取り外す場合は，必ず適切な補強を施し，安全を確認のうえ施工する。3. の鋼管の据付けは，管体保護のため基礎に良質な砂を敷き均す。4. の埋戻しは，片埋めにならないように注意しながら厚さ 30cm 以下に敷き均し，現地盤と同程度以上の密度となるように締め固めを行う。

例題3

R3 後期【No. 30】

上水道の導水管や配水管の特徴に関する次の記述のうち，**適当でないもの**はどれか。

1. ステンレス鋼管は，強度が大きく，耐久性があり，ライニングや塗装が必要である。
2. ダクタイル鋳鉄管は，強度が大きく，耐腐食性があり，衝撃に強く，施工性がよい。
3. 硬質塩化ビニル管は，耐腐食性や耐電食性にすぐれ，質量が小さく加工性がよい。
4. 鋼管は，強度が大きく，強靱性があり，衝撃に強く，加工性がよい。

解答 1

解説 1. のステンレス鋼管は，耐食性に優れ，一般的にライニングや塗装を必要としない。ただし，異種金属と接続する場合は，イオン化傾向の違いにより異種金属接触腐食を生ずるので，絶縁処理が必要である。2. のダクタイル鋳鉄管は，質量が大きく，内外の防食面に損傷を受けると腐食しやすい。3. の硬質ポリ塩化ビニル管は，特定の有機溶剤及び熱，紫外線に弱く，また低温時に耐衝撃性が低下する。4. の鋼管は，内外の防食面に損傷を受けると腐食しやすい。また電食に対する配慮が必要である。

02 下水道

▶▶▶ **ババっとまとめ**
　下水道管渠の剛性管について，基礎地盤の土質区分と用いられる基礎工の種類，下水道管渠の各種接合方式とその特徴について覚える。また下水道管路の耐震性能を確保する方法を理解する。なお，下水道管渠の更生工法については，今後出題される可能性がある。

下水道管渠の接合方式

☐ **水面接合**は，水理学的に概ね計画水位を一致させて接合する合理的な方式である。

☐ **管頂接合**は，管渠の内面の管頂部の高さを一致させ接合する方式である。

☐ **管頂接合**は，下流が下り勾配の地形に適し，流水は円滑となり水理学的には安全な方法であるが，下流ほど管渠の埋設深さが増して工事費が割高になる場合がある。

☐ **管中心接合**は，管渠の中心線を一致させ接合する方法であり，計画下水量に対応する水位の算出をしないことから，水面接合に準用されることがある。

☐ **管底接合**は，管渠の内面の管底部の高さを一致させ接合する方式である。

☐ **管底接合**は，接合部の上流側の水位が高くなり，動水勾配線が管頂より上昇し，圧力管となるおそれがある。

☐ **管底接合**は，上流が上がり勾配の地形に適し，ポンプ排水の場合は有利である。

135

□ **段差接合**は，特に急な地形などでマンホールの間隔等を考慮しながら，階段状に接合する方式である。

□ **階段接合**は，地表勾配が急な場合に管渠内の流速調整のために管底を階段状にする方法で，通常，大口径管渠または現場打ち管渠に採用する。

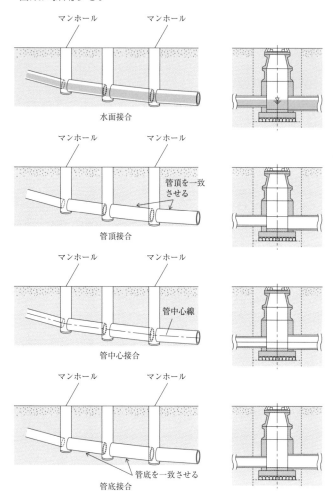

水面接合

管頂接合

管頂を一致させる

管中心接合

管中心線

管底接合

管底を一致させる

下水道管渠の接合方式

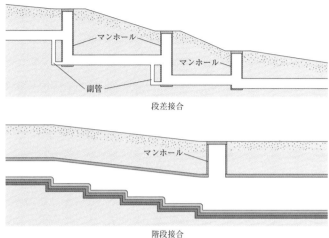

段差接合

階段接合

下水道管渠の接合方式

下水道管渠の剛性管における基礎工

□ 剛性管の施工における基礎地盤の土質区分と基礎工の種類は次表の通りである。 出る ★★★

管の種類と基礎

地盤 / 管種	硬質土（礫質粘土，礫混じり土及び礫混じり砂）及び普通土（砂，ローム及び砂質粘土）	軟弱土（シルト及び有機質土）	極軟弱土（非常に緩いシルト及び有機質土）
鉄筋コンクリート管 レジンコンクリート管	砂基礎 砕石基礎 コンクリート基礎 まくらぎ基礎	砂基礎 砕石基礎 はしご胴木基礎 コンクリート基礎	はしご胴木基礎 鳥居基礎 鉄筋コンクリート基礎

砂基礎

コンクリート基礎

鉄筋コンクリート基礎

出典：令和5年度　2級土木施工管理技術検定第一次検定（後期）試験問題 No.31

遠心力鉄筋コンクリート管（ヒューム管）

□ 遠心力鉄筋コンクリート管の継手の名称

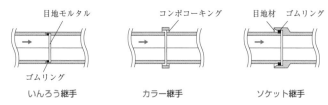

目地モルタル　　　　　　コンポコーキング　　　　目地材　ゴムリング

ゴムリング

いんろう継手　　　　　　カラー継手　　　　　　　ソケット継手

出典：令和 5 年度　2 級土木施工管理技術検定第一次検定（前期）試験問題 No.31

硬質塩化ビニル管

□ 有効長とは管の全長から**受口長さ**及び**面取り長さ**を差し引いた長さである。

有効長

硬質塩化ビニル管の有効長

出典：平成 29 年度　2 級土木施工管理技術検定学科試験（後期）試験問題 No.31 を一部改変

下水道管渠の更生工法

□ **製管工法**は，既設管渠内に表面部材となる硬質塩化ビニル材等をかん合して製管し，製管させた樹脂パイプと既設管渠との間げきに**モルタル**等の充填材を注入することで管を構築する。

□ **さや管工法**は，既設管渠より**小さな管径**の工場製作された二次製品の管渠をけん引・挿入し，間げきに**モルタル**等の充填材を注入することで管を構築する。

□ **形成工法**は，熱硬化性樹脂を含浸させたライナーや熱可塑性樹脂ライナーを既設管渠内に引込み，水圧または**空気圧**などで拡張・密着させた後に**硬化**させることで管を構築する工法である。

□ 反転工法は，含浸用基材に熱硬化性樹脂を含浸させた更生材を既設管渠内に反転加圧させながら挿入し，既設管渠内で温水や蒸気等で樹脂が硬化することで管を構築する。

下水道管路の耐震性能の確保

□ マンホールと管渠との接続部における可とう継手の設置。

□ 応力変化に抵抗できる管材などの選定。

□ マンホールは，地盤の液状化による浮上りが発生するので，沈下抑制対策のみでなく，浮上抑制対策も行う。

□ セメントや石灰等による地盤改良や，埋戻し土の液状化対策，耐震性を考慮した管渠の更生工法の採用を行う。

例題 1

R5 前期【No. 31】

下図に示す下水道の遠心力鉄筋コンクリート管（ヒューム管）の（イ）〜（ハ）の継手の名称に関する次の組合せのうち，**適当なもの**はどれか。

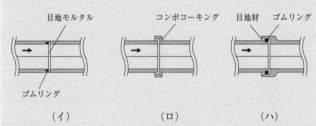

	（イ）	（ロ）	（ハ）
1.	カラー継手	いんろう継手	ソケット継手
2.	いんろう継手	ソケット継手	カラー継手
3.	ソケット継手	カラー継手	いんろう継手
4.	いんろう継手	カラー継手	ソケット継手

解答 4

解説 （イ）は片方の接続面に出張りを設け，他方に受口（いんろう型）をつくり接続するいんろう継手，（ロ）はカラーを用いたカラー継手，（ハ）は差し口を受け口にはめ込むソケット継手である。

例題2

下水道管渠の接合方式に関する次の記述のうち，**適当でないもの**はどれか。

1. 水面接合は，管渠の中心を接合部で一致させる方式である。
2. 管頂接合は，流水は円滑であるが，下流ほど深い掘削が必要となる。
3. 管底接合は，接合部の上流側の水位が高くなり，圧力管となるおそれがある。
4. 段差接合は，マンホールの間隔等を考慮しながら，階段状に接続する方式である。

解答 1

解説 1.の水面接合は，水理学的に概ね計画水位を一致させて接合する合理的な方法である。設問の記述内容は管中心接合である。2.と3.は記述の通りである。4.の段差接合は，地表勾配が急な場合，地表勾配に応じて適当な間隔にマンホールを設け，1箇所当たりの段差は1.5m以内とすることが望ましい。なお段差が0.6m以上の場合，合流管，汚水管には副管を使用することを原則とする。

例題3

水道管渠の剛性管における基礎工の施工に関する次の記述のうち，**適当でないもの**はどれか。

1. 礫混じり土及び礫混じり砂の硬質土の地盤では，砂基礎が用いられる。
2. シルト及び有機質土の軟弱土の地盤では，コンクリート基礎が用いられる。
3. 地盤が軟弱な場合や土質が不均質な場合には，はしご胴木基礎が用いられる。
4. 非常に緩いシルト及び有機質土の極軟弱土の地盤では，砕石基礎が用いられる。

解答 4

解説 1.と2.と3.は組合せの通りである。4.の非常に緩いシルト及び有機質土の極軟弱土の地盤では，はしご胴木基礎，鳥居基礎，鉄筋コンクリート基礎が用いられる。

3

第 3 章

法規

01 賃金, 労働時間, 休憩, 休日, 年次有給休暇, 就業規則

 パパっとまとめ

　賃金, 労働時間, 休憩, 休日, 年次有給休暇は労働基準法第4条から第41条の2, 就業規則は第89条から第93条に規定されている。各規定の内容と数値を覚える。

賃金

☐ **男女同一賃金の原則**：使用者は, 労働者が女性であることを理由として, 賃金について, 男性と差別的取扱いをしてはならない。(第4条)

☐ **賃金**：賃金とは, 賃金, 給料, 手当, 賞与など, 労働の対償として使用者が労働者に支払うすべてのものをいう。(第11条)

出る ★★★

☐ **平均賃金**：平均賃金とは, これを算定すべき事由の発生した日以前3箇月間にその労働者に対し支払われた賃金の総額を, その期間の総日数で除した金額をいう。(第12条第1項)

☐ **賃金の支払**：賃金は, 通貨で, 直接労働者に, その全額を毎月1回以上, 一定の期日を定めて支払わなければならない。(第24条第1項及び第2項)

☐ **非常時払**：使用者は, 労働者が出産, 疾病, 災害など非常の場合の費用に充てるために請求する場合においては, 支払期日前であっても, 既往の労働に対する賃金を支払わなければならない。(第25条)

☐ **休業手当**：使用者の責に帰すべき事由による休業の場合には, 使用者は, 休業期間中当該労働者に, その平均賃金の100分の60以上の手当を支払わなければならない。(第26条)

□ **出来高払制の保障給**：出来高払制その他の請負制で使用する労働者については，使用者は，労働時間に応じ一定額の賃金の保障をしなければならない。（第 27 条）

□ **最低賃金**：使用者は，最低賃金の適用を受ける労働者に対し，その最低賃金額以上の賃金を支払わなければならない。（第 28 条及び最低賃金法第 4 条第 1 項）

□ **時間外，休日及び深夜の割増賃金**：使用者が労働時間を延長し，又は休日に労働させた場合には，原則として賃金の計算額の 2 割 5 分以上 5 割以下の範囲内で，割増賃金を支払わなければならない。（第 37 条第 1 項）

労働時間，休憩，休日，年次有給休暇

□ **労働時間**：使用者は，労働者に，休憩時間を除き 1 週間について 40 時間を超えて，労働させてはならない。（第 32 条第 1 項）出る★★★

□ 使用者は，1 週間の各日については，労働者に，休憩時間を除き 1 日について 8 時間を超えて，労働させてはならない。（第 2 項）出る★★★

□ **災害等による臨時の必要がある場合の時間外労働等**：使用者は，災害その他避けることのできない事由によって，臨時の必要がある場合においては，使用者は，行政官庁の許可を受けて，その必要の限度において労働時間を延長し，又は休日に労働させることができる。（第 33 条第 1 項）

□ **休憩**：使用者は，労働者に対して，労働時間が 6 時間を超える場合においては少くとも 45 分，8 時間を超える場合においては少くとも 1 時間の休憩時間を労働時間の途中に与えなければならない。（第 34 条第 1 項）出る★★★

3

法規

☐ 使用者は，労働者に休憩時間を与える場合には，原則として，休憩時間を一斉に与え，**自由に利用**させなければならない。（第2項及び第3項）**出る**★★★

☐ **休日**：使用者は，労働者に対して，毎週少なくとも1回の休日を与えるものとし，これは4週間を通じ4日以上の休日を与える使用者については適用しない。（第35条第1項及び第2項）**出る**★★★

☐ **時間外及び休日の労働**：使用者は，労働者を代表する者との書面による協定をし，厚生労働省令で定めるところによりこれを**行政官庁**に届け出た場合においては，その協定で定めるところによって労働時間を延長し，又は休日に労働させることができる。（第36条第1項）

☐ 使用者は，労働組合との協定により，労働時間を延長して労働させることができる限度時間は，1箇月について **45** 時間及び1年について **360** 時間とする。（第1項，第2項第4号，第3項及び第4項）

☐ **時間計算**：労働時間は，事業場を異にする場合においても，労働時間に関する規定の適用について**通算**する。（第38条第1項）

☐ 使用者は，坑内労働においては，労働者が坑口に入った時刻から坑口を出た時刻までの時間を，休憩時間を**含め**労働時間とみなす。（第2項）

☐ **年次有給休暇**：使用者は，雇入れの日から6箇月間継続勤務し全労働日の **8** 割以上出勤した労働者には，**10** 日の有給休暇を与えなければならない。（第39条第1項）

就業規則

□ **作成及び届出の義務**：常時 10 人以上の労働者を使用する使用者は，就業規則を作成し，**行政官庁**に届け出なければならない。（第 89 条）

□ 就業規則には，**賃金**（臨時の**賃金**等を除く）の決定，**計算及び支払の方法**等に関する事項について，必ず記載しなければならない。（第 2 号）

□ **作成の手続**：使用者は，就業規則の作成又は変更について，労働者の過半数で組織する**労働組合**がある場合にはその**労働組合**の意見を聴かなければならない。（第 90 条第 1 項）

□ **法令及び労働協約との関係**：就業規則は，**法令**又は当該事業場について適用される**労働協約**に反してはならない。（第 92 条第 1 項）

例題 1

賃金の支払いに関する次の記述のうち，労働基準法上，**誤っているもの**はどれか。

1. 賃金とは，賃金，給料，手当，賞与その他名称の如何を問わず，労働の対償として使用者が労働者に支払うすべてのものをいう。
2. 賃金は，通貨で，直接又は間接を問わず労働者に，その全額を毎月 1 回以上，一定の期日を定めて支払わなければならない。
3. 使用者は，労働者が女性であることを理由として，賃金について，男性と差別的取扱いをしてはならない。
4. 平均賃金とは，これを算定すべき事由の発生した日以前 3 箇月間にその労働者に対し支払われた賃金の総額を，その期間の総日数で除した金額をいう。

解答 2

解説 1. は労働基準法第11条により正しい。2. は第24条第1項に「賃金は，通貨で，直接労働者に，その全額を支払わなければならない。（後略）」及び第2項に「賃金は，毎月1回以上，一定の期日を定めて支払わなければならない。ただし，臨時に支払われる賃金，賞与その他これに準ずるもので厚生労働省令で定める賃金については，この限りでない」と規定されている。3. は第4条により正しい。4. は第12条第1項により正しい。

労働時間，休憩，休日，年次有給休暇に関する次の記述のうち，労働基準法上，**誤っているもの**はどれか。
1. 使用者は，労働者に対して，労働時間が8時間を超える場合には少なくとも1時間の休憩時間を労働時間の途中に与えなければならない。
2. 使用者は，労働者に対して，原則として毎週少なくとも1回の休日を与えなければならない。
3. 使用者は，労働組合との協定により，労働時間を延長して労働させる場合でも，延長して労働させた時間は1箇月に150時間未満でなければならない。
4. 使用者は，雇入れの日から6箇月間継続勤務し全労働日の8割以上出勤した労働者には，10日の有給休暇を与えなければならない。

解答 3

解説 1. は労働基準法第34条（休憩）第1項により正しい。2. は第35条（休日）第1項により正しい。3. は第36条（時間外及び休日の労働）第1項，第2項第4号，第3項及び第4項に「使用者は，労働組合との協定により，労働時間を延長して労働させることができる限度時間は，1箇月について45時間及び1年について360時間とする」と規定されている。4. は第39条（年次有給休暇）第1項により正しい。

労働基準法に定められている労働時間，休憩，年次有給休暇に関する次の記述のうち，**正しいもの**はどれか。

1. 使用者は，原則として労働時間の途中において，休憩時間を労働者ごとに開始時刻を変えて与えることができる。
2. 使用者は，災害その他避けることのできない事由によって，臨時の必要がある場合においては，制限なく労働時間を延長させることができる。
3. 使用者は，1週間の各日については，原則として労働者に，休憩時間を除き1日について8時間を超えて，労働させてはならない。
4. 使用者は，雇入れの日から起算して3箇月間継続勤務し全労働日の8割以上出勤した労働者に対して，有給休暇を与えなければならない。

解答 3

解説 1. は労働基準法第34条第2項に「前項の休憩時間は，一斉に与えなければならない（後略）」と規定されている。2. は第33条第1項に「災害その他避けることのできない事由によって，臨時の必要がある場合においては，使用者は，行政官庁の許可を受けて，その必要の限度において労働時間を延長し，又は休日に労働させることができる。（後略）」と規定されている。3. は第32条第2項により正しい。4. は第39条第1項に「使用者は，その雇入れの日から起算して6箇月間継続勤務し全労働日の8割以上出勤した労働者に対して，継続し，又は分割した10労働日の有給休暇を与えなければならない」と規定されている。

02 災害補償，年少者・妊産婦の就業制限

▶▶ **パパっとまとめ**

　災害補償は，労働基準法第75条から第88条，年少者・妊産婦の就業制限等は第56条から第64条の3に規定されている。各規定の内容と数値を覚える。

災害補償

☐ **療養補償**：労働者が業務上負傷し，又は疾病にかかった場合においては，使用者は，その費用で必要な療養を行い，又は必要な療養の費用を負担しなければならない。（第75条第1項）
出る★★★

☐ **休業補償**：労働者が業務上の負傷，又は疾病の療養のため，労働することができないために賃金を受けない場合には，使用者は，労働者の療養中平均賃金の100分の60の休業補償を行わなければならない。（第76条第1項）**出る★★★**

☐ **障害補償**：労働者が業務上負傷し治った場合に，その身体に障害が存するときは，使用者は，その障害の程度に応じて障害補償を行わなければならない。（第77条）**出る★★★**

☐ **休業補償及び障害補償の例外**：使用者は，労働者が重大な過失によって業務上負傷し，かつ使用者がその過失について行政官庁の認定を受けた場合においては，休業補償又は障害補償を行わなくてもよい。（第78条）**出る★★★**

☐ **遺族補償**：労働者が業務上死亡した場合においては，使用者は，遺族に対して，平均賃金の1000日分の遺族補償を行わなければならない。（第79条）

□ **打切補償**：療養補償を受ける労働者が、療養開始後 3 年を経過しても負傷又は疾病がなおらない場合は、使用者は、平均賃金の 1200 日分の打切補償を行い、その後はこの法律の規定による補償を行わなくてよい。(第 81 条)

□ **補償を受ける権利**：労働者が業務上負傷した場合、その補償を受ける権利は、**労働者の退職によって変更されることはない。**(第 83 条第 1 項) 出る★★★

□ 労働者が業務上負傷し、又は疾病にかかった場合の補償を受ける権利は、これを**譲渡し、差し押さえてはならない。**(第 2 項) 出る★★★

□ **審査及び仲裁**：業務上の負傷、疾病又は死亡の認定等に関して異議のある者は、**行政官庁**に対して、審査又は事件の仲裁を申し立てることができる。(第 85 条第 1 項)

年少者の就業

□ **最低年齢**：使用者は、児童が満 15 歳に達した日以後の最初の 3 月 31 日が終了するまで、児童を使用してはならない。(第 56 条第 1 項)

□ **年少者の証明書**：使用者は、満 18 才に満たない者について、その年齢を証明する戸籍証明書を事業場に**備え付けなければならない。**(第 57 条第 1 項) 出る★★★

□ **未成年者の労働契約**：親権者又は後見人は、未成年者に代って労働契約を**締結してはならない。**(第 58 条第 1 項)

□ 親権者若しくは後見人又は行政官庁は、労働契約が未成年者に**不利**であると認める場合においては、将来に向ってこれを**解除**することができる。(第 2 項)

□ **賃金**：未成年者は，独立して賃金を請求することができ，未成年者の親権者又は後見人は，未成年者の賃金を代って受け取ってはならない。(第59条) **出る**★★★

年少者の就業制限

□ **深夜業**：使用者は，交替制によって使用する満16歳以上の男性を除き，原則として満18歳に満たない者を午後10時から午前5時までの間において使用してはならない。(第61条第1項)

□ **危険有害業務の就業制限**：使用者は，満18才に満たない者に，運転中の機械や動力伝導装置の危険な部分の掃除，注油，検査若しくは修繕をさせてはならない。(第62条第1項)

□ 使用者は，満18才に満たない者を，毒劇薬，又は爆発性の原料を取り扱う業務，著しくじんあい若しくは粉末を飛散する場所における業務に就かせてはならない。(第2項)

□ 使用者は，満18歳に満たない者を**クレーン，デリック又は揚貨装置の運転の業務**に就かせてはならない。(第62条第1項及び年少者労働基準規則第8条第3号)

□ 使用者は，満18歳に満たない者を，**動力により駆動される土木建築用機械の運転の業務**に就かせてはならない。(年少者労働基準規則第12号)

□ 使用者は，満18歳に満たない者を，地上又は床上における補助作業の業務を除き，足場の組立，解体又は変更の業務に就かせてはならない。(第62条第1項及び年少者労働基準規則第8条第25号)

□ 重量物を取り扱う業務

年齢及び性		重量（単位 kg）	
		断続作業の場合	継続作業の場合
満 16 歳未満	女	12	8
	男	15	10
満 16 歳以上 満 18 歳未満	女	25	15
	男	30	20

（第 62 条第 1 項及び年少者労働基準規則第 7 条）

□ **坑内労働の禁止**：使用者は，満 18 歳に満たない者を坑内で労働させてはならない。（第 63 条）**出る** ★ ★ ★

□ **帰郷旅費**：満 18 才に満たない者が解雇の日から 14 日以内に帰郷する場合は，使用者は，**必要な旅費**を負担しなければならない。（第 64 条）

妊産婦等の就業制限

□ **妊産婦等の危険有害業務の就業制限**：使用者は，妊産婦を，地上又は床上における補助作業を除き，足場の組立て，解体又は変更の業務に就かせてはならない。（第 64 条の 3 及び女性労働基準規則第 2 条第 1 項第 15 号）

災害補償に関する次の記述のうち，労働基準法上，**誤っているもの**はどれか。

1. 労働者が業務上疾病にかかった場合においては，使用者は，必要な療養費用の一部を補助しなければならない。
2. 労働者が業務上負傷し，又は疾病にかかった場合の補償を受ける権利は，差し押さえてはならない。
3. 労働者が業務上負傷し治った場合に，その身体に障害が存するときは，使用者は，その障害の程度に応じて障害補償を行わなければならない。
4. 労働者が業務上死亡した場合においては，使用者は，遺族に対して，遺族補償を行わなければならない。

解答 1

解説 1.は労働基準法第 75 条第 1 項に「労働者が業務上負傷し，又は疾病にかかった場合においては，使用者は，その費用で必要な療養を行い，又は**必要な療養の費用を負担**しなければならない」と規定されている。2.は第 83 条第 2 項により正しい。3.は第 77 条により正しい。4.は第 79 条により正しい。

満 18 才に満たない者の就労に関する次の記述のうち，労働基準法上，**誤っているもの**はどれか。

1. 使用者は，毒劇薬，又は爆発性の原料を取り扱う業務に就かせてはならない。
2. 使用者は，その年齢を証明する後見人の証明書を事業場に備え付けなければならない。
3. 使用者は，動力によるクレーンの運転をさせてはならない。
4. 使用者は，坑内で労働させてはならない。

解答 2

解説 1.は労働基準法第 62 条第 2 項により正しい。2.は第 57 条第 1 項に「使用者は，満 18 才に満たない者について，その年齢を証明する**戸籍証明書**を事業場に備え付けなければならない」と規定されている。3.は第 62 条第 1 項により正しい。4.は第 63 条により正しい。

01 作業主任者, 特別教育, 工事計画の届出

学習 /

▶▶ **パパっとまとめ**

作業主任者の選任を必要とする作業, 労働者に特別教育を行わなければならない業務, 及び工事計画の届出等について理解する。

作業主任者の選任

技能講習を修了した作業主任者を選任しなければならない作業は, 労働安全衛生法第14条及び施行令第6条の各号に規定されている。

☐ 潜函工法その他の圧気工法で行われる高圧室内作業には, **高圧室内作業主任者**を選任する。(第1号)

☐ 掘削面の高さが2m以上となる**地山の掘削**の作業には, **地山の掘削作業主任者**を選任する。(第9号) 出る★★★

☐ **土止め支保工**の切りばり又は腹起こしの取付け又は取り外しの作業には, **土止め支保工作業主任者**を選任する。(第10号) 出る★★★

☐ 型わく支保工の組立て又は**解体**の作業には, **型わく支保工の組立て等作業主任者**を選任する。(第14号) 出る★★★

☐ 高さが5m以上の構造の足場の組立て, 解体又は**変更**の作業には, **足場の組立て等作業主任者**を選任する。(第15号)

☐ 高さが5m以上のコンクリート造の工作物の**解体**又は**破壊**の作業には, **コンクリート造の工作物の解体等**作業主任者を選任する。(第15号の5) 出る★★★

☐ 高さが5m以上のコンクリート橋梁上部構造の架設の作業には, **コンクリート橋架設等作業主任者**を選任する。(第16号)

☐ ずい道等の掘削等の作業には，ずい道等の掘削等作業主任者を選任する。(第 10 号の 2)

特別教育

労働者に特別教育を行わなければならない業務は労働安全衛生法第 59 条第 3 項及び同規則第 36 条の各号に示されている。

☐ **アーク溶接機を用いて行う金属の溶接，溶断等の業務** (第 3 号)

☐ **ボーリングマシンの運転の業務** (第 10 号の 3)

☐ **つり上げ荷重が 5t 未満のクレーンの運転の業務** (第 15 号イ)

☐ **つり上げ荷重が 1t 未満の移動式クレーンの運転の業務** (第 16 号)

☐ **建設用リフトの運転の業務** (第 18 号)

☐ **ゴンドラの操作の業務** (第 20 号)

☐ **高圧室内作業に係る業務** (第 24 号の 2)

工事計画の届出

労働基準監督署長に工事開始の 14 日前までに計画の届出が必要な工事は，労働安全衛生法第 88 条第 3 項及び同規則第 90 条の各号に規定されている。

☐ **橋梁を除く高さ 31m を超える建築物又は工作物の建設等の仕事** (第 1 号)

☐ **最大支間 50m の橋梁の建設等の仕事** (第 2 号)

☐ **ずい道等の内部に労働者が立ち入るずい道等の建設等の仕事** (第 3 号)

☐ **掘削の深さが 10m である地山の掘削の作業を行う仕事** (第 4 号)

☐ **圧気工法による作業を行う仕事** (第 5 号)

例題 1

労働安全衛生法上，事業者が，技能講習を修了した作業主任者を選任しなければならない作業として，**該当しないもの**は次のうちどれか。
1. 高さが 3m のコンクリート橋梁上部構造の架設の作業
2. 型枠支保工の組立て又は解体の作業
3. 掘削面の高さが 2m 以上となる地山の掘削の作業
4. 土止め支保工の切りばり又は腹起こしの取付け又は取り外しの作業

解答 1

解説 技能講習を修了した作業主任者を選任しなければならない作業は，労働安全衛生法第 14 条（作業主任者）及び同施行令第 6 条（作業主任者を選任すべき作業）に規定されている。1. は第 16 号に「橋梁の上部構造であって，コンクリート造のもの（その高さが 5m 以上であるもの又は当該上部構造のうち橋梁の支間が 30m 以上である部分に限る）の架設又は変更の作業」と規定されている。2. は第 14 号に規定されている。3. は第 9 号に規定されている。4. は第 10 号に規定されている。

例題 2

事業者が労働者に対して特別の教育を行わなければならない業務に関する次の記述のうち，労働安全衛生法上，**該当しないもの**はどれか。
1. エレベーターの運転の業務
2. つり上げ荷重が 1t 未満の移動式クレーンの運転の業務
3. つり上げ荷重が 5t 未満のクレーンの運転の業務
4. アーク溶接作業の業務

解答 1

解説 労働安全衛生法第 59 条第 3 項及び同規則第 36 条に，労働者に対して特別の教育を行わなければならない業務が示されている。1. のエレベーターの運転の業務は規定されていない。2. は第 16 号に規定されている。3. は第 15 号イに規定されている。4. は第 3 号に規定されている。

01 建設業法

▶▶ **パパっとまとめ**

　建設業法には，建設業の許可，請負契約の適正化，元請負人の義務，施工技術の確保などが定められている。特に，主任技術者及び監理技術者の設置と職務について理解する。

建設業

☐ **定義**：建設業とは，元請，下請その他いかなる名義をもってするのかを問わず，建設工事の**完成**を請け負う**営業**をいう。（第2条第2項）

☐ **建設業の許可**：軽微な建設工事のみを請け負うことを営業とする者を除き，建設業を営もうとする者は，2以上の都道府県の区域内に営業所を設けて営業をしようとする場合にあっては**国土交通大臣**の，1の都道府県の区域内にのみ営業所を設けて営業をしようとする場合にあっては当該営業所の所在地を管轄する**都道府県知事**の許可を受けなければならない。（第3条第1項）

☐ 建設業の許可は，5年ごとにその更新を受けなければ，その期間の経過によって，その効力を失う。（第1項及び第3項）

建設工事の請負

☐ **建設工事の請負契約の内容**：建設工事の請負契約が成立した場合，必ず書面をもって**請負契約書**を作成する。（第19条第1項）

☐ **建設工事の見積り等**：建設業者は，請負契約を締結する場合，工事の種別ごとの**材料費**，**労務費**等の内訳により**見積り**を行うようにする。（第20条第1項）

□ **一括下請負の禁止**：建設業者は，請け負った建設工事を，いかなる方法をもってするかを問わず，**一括して他人に請け負わせてはならない**。（第22条第1項）

□ **下請負人の意見の聴取**：元請負人は，請け負った建設工事を施工するために必要な**工程の細目**，**作業方法**等を定めるときは，事前に，**下請負人の意見を聞かなければならない**。（第24条の2）

□ **下請代金の支払**：元請負人は，**前払金**の支払いを受けたときは，**下請負人**に対して，資材の購入など建設工事の着手に必要な費用を前払金として支払うよう適切な配慮をしなければならない。（第24条の3第3項）

□ **検査及び引渡し**：元請負人は，**下請負人**から建設工事が完成した旨の通知を受けたときは，**20日以内**で，かつ，できる限り短い期間内に**検査**を完了しなければならない。（第24条の4第1項）

□ **施工体制台帳及び施工体系図の作成等**：施工体系図は，各下請負人の施工の**分担関係**を表示したものであり，作成後は当該工事現場の見やすい場所に掲示しなければならない。（第24条の8第4項）

□ **施工技術の確保に関する建設業者等の責務**：建設業者は，建設工事の担い手の育成及び確保，その他の**施工技術の確保**に努めなければならない。（第25条の27第1項）**出る★★★**

主任技術者及び監理技術者

☐ **主任技術者及び監理技術者の設置等**：建設業者は，請け負った工事を施工するときは，当該工事現場における建設工事の施工の技術上の管理をつかさどる主任技術者を置かなければならない。（第 26 条第 1 項）出る ★★★

☐ 発注者から直接建設工事を請け負った特定建設業者は，当該建設工事を施工するために締結した下請契約の請負代金の額が 4500 万円（建築工事業の場合は 7000 万円）以上になる場合においては，監理技術者を置かなければならない。（第 26 条第 2 項及び施行令第 2 条）出る ★★★

☐ 公共性のある施設に関する重要な建設工事で，工事 1 件の請負代金の額が 4000 万円（建築一式工事は 8000 万円）以上の場合，工事現場ごとに専任の主任技術者又は監理技術者を置かなければならない。（第 26 条第 3 項及び施行令第 27 条）出る ★★★

☐ **主任技術者及び監理技術者の職務等**：主任技術者及び監理技術者は，工事現場における建設工事を適正に実施するため，当該建設工事の施工計画の作成，工程管理，品質管理その他の技術上の管理及び当該建設工事の施工に従事する者の技術上の指導監督の職務を誠実に行わなければならない。（第 26 条の 4 第 1 項）出る ★★★

☐ 建設工事の施工に従事する者は，主任技術者又は監理技術者がその職務として行う指導に従わなければならない。（第 2 項）出る ★★★

☐ **現場代理人と主任技術者の兼務**：現場代理人と主任技術者はこれを兼ねることができる。（公共工事標準請負契約約款第 10 条第 5 項）

例題 1

主任技術者及び監理技術者の職務に関する次の記述のうち，建設業法上，**正しいもの**はどれか。
1. 当該建設工事の下請契約書の作成を行わなければならない。
2. 当該建設工事の下請代金の支払いを行わなければならない。
3. 当該建設工事の資機材の調達を行わなければならない。
4. 当該建設工事の品質管理を行わなければならない。

解答 4

解説 主任技術者及び監理技術者の職務は，建設業法第 26 条の 4 第 1 項に「主任技術者及び監理技術者は，工事現場における建設工事を適正に実施するため，当該建設工事の施工計画の作成，工程管理，品質管理その他の技術上の管理及び当該建設工事の施工に従事する者の技術上の指導監督の職務を誠実に行わなければならない」と規定されている。

例題 2

建設業法に関する次の記述のうち，**誤っているもの**はどれか。
1. 建設業とは，元請，下請その他いかなる名義をもってするかを問わず，建設工事の完成を請け負う営業をいう。
2. 建設業者は，当該工事現場の施工の技術上の管理をつかさどる主任技術者を置かなければならない。
3. 建設工事の施工に従事する者は，主任技術者がその職務として行う指導に従わなければならない。
4. 公共性のある施設に関する重要な工事である場合，請負代金の額にかかわらず，工事現場ごとに専任の主任技術者を置かなければならない。

解答 4

解説 は建設業法第2条第2項により正しい。2. は第 26 条第1項により正しい。3. は第 26 条の4第2項より，建設工事の施工に従事する者は，主任技術者又は監理技術者がその職務として行う指導に従わなければならない。4. は第 26 条第3項，及び施行令第 27 条より，「公共性のある施設若しくは工作物又は多数の者が利用する施設若しくは工作物に関する重要な建設工事で，工事1件の請負代金の額が 4000 万円（建築一式工事は 8000 万円）以上の場合，置かなければならない主任技術者又は監理技術者は，工事現場ごとに，専任の者でなければならない」と規定されている。

01 道路法・車両制限令

> ▶▶ パパっとまとめ
>
> 道路に工作物，物件又は施設を設け，継続して道路を使用する場合には，道路占用許可が必要であり，また，道路を通行する車両には総重量等の最高限度が定められている。道路占用の許可が必要な工作物や施設等と，車両の最高限度の各数値を覚える。

道路の占用の許可

道路管理者からの道路占用の許可が必要な工作物，物件又は施設は，道路法第 32 条第 1 項の各号に規定されている。

☐ 電柱，電線，郵便差出箱，広告塔を設置する場合（第 1 号）

☐ 水管，下水道管，ガス管を設置する場合（第 2 号）

☐ 洪水，高潮又は津波からの一時的な避難場所としての機能を有する堅固な施設を設置する場合（第 7 号及び施行令第 7 条第 3 号）

☐ 工事用板囲，足場，詰所その他工事用施設を設置する場合（第 7 号及び施行令第 7 条第 4 号）

☐ 高架の道路の路面下に事務所，店舗を設置する場合（第 7 号及び施行令第 7 条第 9 号）

☐ 看板，標識，旗ざお，パーキング・メータ，幕及びアーチを設置する場合（第 7 号及び施行令第 7 条第 1 号）

道路の占有許可申請書

道路の占有許可申請書への記載事項は，道路法第 32 条第 2 項の各号に規定されている。

☐ 道路の占用の目的

□ 道路の占用の期間

□ 道路の占用の場所

□ 工作物，物件又は施設の構造

□ 工事実施の方法

□ 工事の時期

□ 道路の復旧方法

車両の最高限度

□ 道路法第 47 条第 1 項及び車両制限令第 3 条（車両の幅等の最高限度）より，車両の幅，重量，高さ，長さ及び最小回転半径の最高限度は以下の通りである。**出る**★★★

車両の幅	2.5m
総重量	20t（高速自動車国道又は道路管理者が道路の構造の保全及び交通の危険の防止上支障がないと認めて指定した道路を通行する車両にあっては 25t 以下）
軸重	10t
輪荷重	5t
高さ	3.8m（道路管理者が道路の構造の保全及び交通の危険の防止上支障がないと認めて指定した道路を通行する車両にあっては 4.1m）
長さ	12m
最小回転半径	車両の最外側のわだちについて 12m

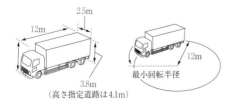

車両の総重量等の最高限度

道路関係法令

☐ **道路附属物**：道路案内標識などの道路情報管理施設は，道路附属物である。(第2条第2項第4号)

☐ **設置者の区分**：道路上の規制標識は，規制の内容に応じて**道路管理者**又は都道府県**公安委員会**が設置する。(道路標識，区画線及び道路標示に関する命令第4条第1項及び第2項)

☐ **工事実施の方法に関する基準**：道路を掘削する場合においては，溝掘，つぼ掘又は推進工法その他これに準ずる方法によるものとし，えぐり掘の方法によらないこと。(施行令第13条第2号)

☐ **道路台帳**：道路管理者は，道路台帳を作成しこれを保管しなければならない。(第28条第1項)

☐ **道路の構造**：道路の構造に関する技術的基準は，道路構造令で定められている。(道路構造令第1条)

例題1 R5 後期【No.36】

　車両の最高限度に関する次の記述のうち，車両制限令上，**正しいもの**はどれか。
　ただし，道路管理者が道路の構造の保全及び交通の危険の防止上支障がないと認め指定した道路を通行する車両を除く。
1. 車両の幅は，2.5m である。
2. 車両の輪荷重は，10t である。
3. 車両の高さは，4.5m である。
4. 車両の長さは，14m である。

解答 1

解説 1.は道路法第47条第1項，及び車両制限令第3条により正しい。2.の車両の輪荷重は，5t である。3.の車両の高さは，3.8m である。4.の車両の長さは，12m である。

例題2

　道路に工作物又は施設を設け，継続して道路を使用する行為に関する次の記述のうち，道路法令上，占用の許可を**必要としないもの**はどれか。

1. 道路の維持又は修繕に用いる機械，器具又は材料の常置場を道路に接して設置する場合
2. 水管，下水道管，ガス管を設置する場合
3. 電柱，電線，広告塔を設置する場合
4. 高架の道路の路面下に事務所，店舗，倉庫，広場，公園，運動場を設置する場合

3

法規

解答 1

解説 1. は道路法第2条第1項に「「道路」とは，一般交通の用に供する道で，トンネル，橋，渡船施設，道路用エレベーター等道路と一体となってその効用を全うする施設又は工作物及び道路の附属物で当該道路に附属して設けられているものを含むものとする」及び第2項に「「道路の附属物」とは，道路の構造の保全，安全かつ円滑な道路の交通の確保その他道路の管理上必要な施設又は工作物で，次に掲げるものをいう」第6号「道路に接する道路の維持又は修繕に用いる機械，器具又は材料の常置場」と規定されており，道路の附属物であることから許可は必要ない。2. は第32条第1項第2号により許可を必要とする。3. は第1号により許可を必要とする。4. は第7号及び施行令第7条第9号により許可を必要とする。

01 河川法

▶▶ **パパっとまとめ**

河川管理施設を覚える。また河川における土地の占用の許可、土石等の採取、工作物の新築、改築又は除却等や、土地の掘削等に関する許可について理解する。

☐ **目的**：河川法の目的には、洪水防御と水利用に加えて河川環境の整備と保全が含まれる。（第 1 条）**出る★★★**

☐ **河川及び河川管理施設**：河川法上の河川には、ダム、堰、水門、床止め、堤防、護岸等の河川管理施設が含まれる。（第 3 条第 2 項）**出る★★★**

☐ **河川区域**：河川区域は、堤防に挟まれた区域と、河川管理施設の敷地である土地の区域が含まれるが、堤内地側の河川保全区域は含まれない。（第 6 条第 1 項）**出る★★★**

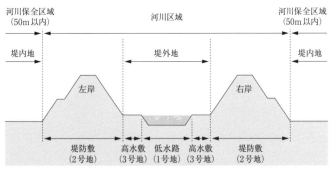

河川区域の模式図（上流側から見た図）

※河川区域とは、河川法第 6 条第 1 項第 1 号に「河川の流水が継続して存する土地及び地形、草木の生茂の状況その他その状況が河川の流水が継続して存する土地に類する状況を呈している土地の区域」（1 号地）、第 2 号に「河川管理施設の敷地である土地の区域」（2 号地）、第 3 号に「堤外の土地の区域のうち、第 1 号に掲げる区域と一体として管理を行う必要があるものとして河川管理者が指定した区域」（3 号地）と規定されている。

- [ ] **河川保全区域**：河川保全区域とは，河川管理施設を保全するために河川管理者が指定した一定の区域である。（第54条第1項）**出る★★★**

- [ ] **一級河川**：一級河川の管理は，原則として，**国土交通大臣**が行う。（第9条）**出る★★★**

- [ ] **二級河川**：二級河川の管理は，原則として，**都道府県知事**が行う。（第10条第1項）**出る★★★**

- [ ] **準用河川**：準用河川の管理は，原則として，**市町村長**が行う。（第100条）**出る★★★**

- [ ] **土地の占用の許可**：河川の地下を横断して上水道管や下水道管等を設置する場合は，河川管理者の許可は**必要である**。（第24条）**出る★★★**

- [ ] 河川の上空に送電線を架設する場合は，河川管理者の許可は**必要である**。（第24条）**出る★★★**

- [ ] **土石等の採取の許可**：河川区域内の土地において土石などを採取するときは，許可が**必要である**。（第25条）

- [ ] **工作物の新築等の許可**：河川区域内で工作物を新築，改築又は除却をしようとする場合は，河川管理者の許可は**必要である**。（第26条第1項）**出る★★★**

- [ ] 河川区域内の土地において道路橋工事のための現場事務所や工事資材置場等を設置する時は，許可は**必要である**。（第26条第1項）**出る★★★**

- [ ] **土地の掘削等の許可**：河川区域内の土地において土地の掘削，盛土・切土その他土地の形状を変更する行為又は竹木の栽植・伐採は，許可が**必要である**。（第27条第1項）

3

法規

□ 河川区域内の土地において取水施設又は排水施設の機能を維持するために，取水口又は排水口付近に堆積した土砂を排除する時は，許可は必要ない。(第27条第1項及び施行令第15条の4第1項第2号) 出る★★★

例題1　　　　　　　　　　　　　　　　　　　　　R4前期【No. 37】

河川法に関する河川管理者の許可について，次の記述のうち**誤っているもの**はどれか。
1.　河川区域内の土地において民有地に堆積した土砂などを採取する時は，許可が必要である。
2.　河川区域内の土地において農業用水の取水機能維持のため，取水口付近に堆積した土砂を排除する時は，許可は必要ない。
3.　河川区域内の土地において推進工法で地中に水道管を設置する時は，許可は必要ない。
4.　河川区域内の土地において道路橋工事のための現場事務所や工事資材置場等を設置する時は，許可が必要である。

解答　3

解説　1.は河川法第27条第1項に規定されており，この規定は河川区域内の民有地にも適用される。2.は第27条第1項及び施行令第15条の4第1項第2号より，河川管理者の許可を受けて設置された取水施設又は排水施設の機能を維持するために行う取水口又は排水口の付近に積もった土砂等の排除については，河川管理者から許可を必要としない。3.は第24条に「河川区域内の土地（河川管理者以外の者がその権原に基づき管理する土地を除く）を占用しようとする者は，（中略）河川管理者の許可を受けなければならない」と規定されており，この規定は地表面だけではなく，上空や地下にも適用される。4.は第26条第1項に規定されており，この規定は一時的な仮設工作物にも適用される。

例題2

河川法に関する次の記述のうち，**誤っているもの**はどれか。

1. 都道府県知事が管理する河川は，原則として，二級河川に加えて準用河川が含まれる。

2. 河川区域は，堤防に挟まれた区域と，河川管理施設の敷地である土地の区域が含まれる。

3. 河川法上の河川には，ダム，堰，水門，床止め，堤防，護岸等の河川管理施設が含まれる。

4. 河川法の目的には，洪水防御と水利用に加えて河川環境の整備と保全が含まれる。

3

法規

解答 1

解説 1. は河川法第100条第1項において，一級河川及び二級河川以外の河川で市町村長が指定したものを準用河川といい，その管理は当該河川の存する市町村を統轄する市町村長が行なうと規定されている。なお，一級河川の管理は第9条第1項により国土交通大臣，二級河川の管理は第10条第1項により都道府県知事が行う。2. は第6条第1項第1号，第2号及び第3号により正しい。3. は第3条第2項により正しい。4. は第1条により正しい。

01 建築基準法

▶▶▶ **パパっとまとめ**
用語の定義を覚える。また，道路と敷地の関係，容積率，建蔽率及び仮設建築物に対する制限の緩和について理解する。

用語の定義（第2条）

☐ **建築物**：土地に定着する工作物のうち，屋根及び柱若しくは壁を有するもの，これに附属する門若しくは塀などをいう。（第1号）**出る★★★**

☐ **特殊建築物**：学校，体育館，病院，劇場，集会場，百貨店などをいう。（第2号）**出る★★★**

☐ **建築設備**：建築物に設ける電気，ガス，給水，排水，換気，暖房，冷房，消火，排煙若しくは汚物処理の設備又は煙突，昇降機若しくは避雷針をいう。（第3号）**出る★★★**

☐ **居室**：居住，執務，作業，集会，娯楽その他これらに類する目的のために継続的に使用する室をいう。（第4号）

☐ **主要構造部**：壁，柱，床，はり，屋根又は階段をいい，建築物の構造上重要でない間仕切壁，間柱，付け柱，揚げ床，最下階の床，回り舞台の床，小ばり，ひさし，局部的な小階段，屋外階段その他これらに類する建築物の部分を除くものとする。（第5号）**出る★★★**

☐ **建築**：建築物を新築し，増築し，改築し，又は移転することをいう。（第13号）

☐ **建築主**：建築物に関する工事の請負契約の注文者又は請負契約によらないで自らその工事をする者をいう。（第16号）

□ **特定行政庁**：原則として，建築主事を置く市町村の区域については当該市町村の長をいい，その他の市町村の区域については都道府県知事をいう。（第 35 号）

道路，容積率，建蔽率

□ **道路**：道路とは，道路法，都市計画法などによる道路で，原則として，幅員 4m 以上のものをいう。（第 42 条第 1 項）
出る★★★

□ **接道義務**：建築物の敷地は，原則として道路に 2m 以上接しなければならない。（第 43 条第 1 項）出る★★★

□ **容積率**：建築物の延べ面積の敷地面積に対する割合を容積率という。（第 52 条第 1 項）出る★★★

□ **建蔽率**：建築物の建築面積の敷地面積に対する割合を建蔽率という。（第 53 条第 1 項）出る★★★

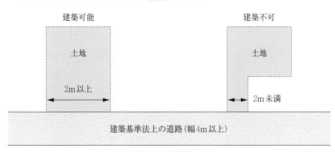

道路と接道義務

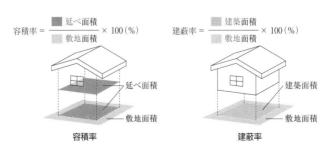

容積率 建蔽率

仮設建築物に対する制限の緩和（第85条第2項）

☐ 防火地域又は準防火地域内に設ける延べ面積が 50m² を超える仮設建築物の屋根の構造は，政令で定める技術的基準が適用される。

☐ 建築物は，自重，積載荷重，風圧及び地震等に対して安全な構造としなければならないという規定は適用される。

☐ 仮設建築物を建築しようとする場合は，建築主事の確認の申請は適用されない。

☐ 建築主は，建築物の工事完了にあたり，建築主事への完了検査の申請は必要としない。

☐ 建築物の延べ面積の敷地面積に対する割合（容積率）の規定は適用されない。

☐ 建築物の建築面積の敷地面積に対する割合（建蔽率）の規定は適用されない。

☐ 仮設建築物を設ける敷地は，公道に 2m 以上接しなければならないという規定は適用されない。

建築基準法の用語に関して，次の記述のうち**誤っているもの**はどれか。

1. 特殊建築物とは，学校，体育館，病院，劇場，集会場，百貨店などをいう。
2. 建築物の主要構造部とは，壁，柱，床，はり，屋根又は階段をいい，局部的な小階段，屋外階段は含まない。
3. 建築とは，建築物を新築し，増築し，改築し，又は移転することをいう。
4. 建築主とは，建築物に関する工事の請負契約の注文者であり，請負契約によらないで自らその工事をする者は含まない。

解答 4

解説 1.は建築基準法第2条第2号により正しい。2.は同条第5号により正しい。3.は同条第13号により正しい。4.は同条第16号に「建築主とは，建築物に関する工事の請負契約の注文者又は請負契約によらないで自らその工事をする者をいう」と規定されている。

例題2   R4後期【No. 38】

建築基準法に関する次の記述のうち，**誤っているもの**はどれか。
1. 道路とは，原則として，幅員4m以上のものをいう。
2. 建築物の延べ面積の敷地面積に対する割合を容積率という。
3. 建築物の敷地は，原則として道路に1m以上接しなければならない。
4. 建築物の建築面積の敷地面積に対する割合を建蔽率という。

解答 3

解説 1.は建築基準法第42条第1項により正しい。2.は同法第52条第1項により正しい。3.は同法第43条第1項に「建築物の敷地は，道路に2m以上接しなければならない」と規定されている。4.は同法第53条第1項により正しい。

3

法規

01 火薬類取締法

▶▶ **パパっとまとめ**

火薬類の運搬，取扱い方法等については，火薬類取締法及び同規則に規定されている。火薬類の運搬，取扱い，消費に関する留意事項を理解する。また，火薬庫，火薬類取扱所，火工所における留意事項や構造を理解する。

火薬類の運搬等

☐ **譲渡又は譲受の許可**：火薬類を譲り渡し，又は譲り受けようとする者は，原則として都道府県知事の許可を受けなければならない。(第 17 条第 1 項)

☐ **運搬**：火薬類を運搬しようとする者は，原則として出発地を管轄する都道府県公安委員会に届け出て，運搬証明書の交付を受けなければならない。(第 19 条)

☐ **取扱者の制限**：18 歳未満の者は，火薬類の取扱いをしてはならない。(第 23 条第 1 項)

☐ **火薬類の混包等の禁止**：火薬類は，他の物と混包し，又は火薬類でないようにみせかけて，これを所持し，運搬してはならない。(第 38 条)

☐ **事故届等**：火薬類を取り扱う者は，所有又は，占有する火薬類，譲渡許可証，譲受許可証又は運搬証明書を紛失又は盗取されたときは，遅滞なくその旨を警察官又は海上保安官に届け出なければならない。(第 46 条第 1 項)

火薬類の取扱い

☐ 火薬類を収納する容器は，木その他電気不良導体で作った丈夫な構造のものとし，内面には鉄類を表さない。（規則第51条第1号）**出る**★★★

☐ 火薬類を存置し，又は運搬するときは，火薬，爆薬，導火線と火工品とは，それぞれ異った容器に収納する。（第2号）

☐ 消費場所において火薬類を取り扱う場合，固化したダイナマイト等は，もみほぐす。（第7号）**出る**★★★

☐ 消費場所で火薬類を取り扱う者は，腕章を付ける等他の者と容易に識別できる措置を講じなければならない。（第15号）

☐ 火薬類の取扱いには，盗難予防に留意する。（第18号）

火薬庫

☐ 火薬庫を設置し，移転し又はその構造若しくは設備を変更しようとする者は，経済産業省令で定めるところにより，都道府県知事の許可を受けなければならない。（第12条第1項）**出る**★★★

☐ 火薬庫の境界内には，必要がある者のほかは立ち入らない。（規則第21条第1項第1号）

☐ 火薬庫の境界内には，爆発，発火，又は燃焼しやすい物をたい積しない。（第2号）**出る**★★★

☐ 火薬庫内には，火薬類以外のものを貯蔵しない。（第3号）

☐ 火薬庫内に入る場合には，原則として鉄類若しくはそれらを使用した器具及び携帯電灯以外の灯火は持ち込まない。（第4号）

☐ 火薬庫内に入る場合には，搬出入装置を有する火薬庫を除いて土足で出入りしない。（第5号）

3

法規

□火薬庫内では，換気に注意し，できるだけ温度の変化を少なくする。(第7号)

火薬類取扱所

□火薬類取扱所を設ける場合は，1つの消費場所に1箇所とする。(規則第52条第2項)

□火薬類取扱所内には，見やすい所に取扱いに必要な法規及び心得を掲示すること。(第3項第8号)

□火薬類取扱所において存置することのできる火薬類の数量は，1日の消費見込量以下とする。(第11号)

□火薬類取扱所の責任者は，火薬類の受払い及び消費残数量をそのつど明確に帳簿に記録する。(第12号)

火工所

□消費場所においては，薬包に雷管を取り付ける等の作業を行うために，火工所を設けなければならない。(規則第52条の2第1項)

□火工所の責任者は，火薬類の受払い及び消費残数量をそのつど明確に帳簿に記録する。(第3項)

□火工所は，通路，通路となる坑道，動力線，火薬類取扱所，他の火工所，火薬庫，火気を取り扱う場所，人の出入りする建物等に対し安全で，かつ，湿気の少ない場所に設けること。(第1号)

□火工所として建物を設ける場合には，適当な換気の措置を講じ，床面にはできるだけ鉄類を表わさず，安全に作業ができるような措置を講ずること。(第2号)

□火工所に火薬類を存置する場合には，見張人を常時配置する。(第3号) 出る ★★★

□ 火工所の周囲には，適当な柵を設け，かつ，「立入禁止」，「**火気厳禁**」等と書いた警戒札を掲示すること。(第5号)

□ 火工所以外の場所において，薬包に雷管を取り付ける作業を行わない。(第6号) 出る★★★

□ 火工所には，原則として薬包に雷管を取り付けるために必要な火薬類以外の火薬類を持ち込んではならない。(第7号)

火薬類の消費・発破

□ 火薬類を爆発させ，又は燃焼させようとする者は，原則として**都道府県知事の許可**を受けなければならない。(第25条第1項)

□ 火薬類を廃棄しようとする者は，経済産業省令で定めるところにより，原則として，**都道府県知事の許可**を受けなければならない。(第27条第1項)

□ 火薬類の発破を行う場合には，前回の**発破孔**を利用して，**削岩**し，又は**装てん**しない。(規則第53条第6号)

□ 火薬類を装てんする場合の込物は，砂その他の発火性又は引火性のないものを使用し，かつ，**摩擦，衝撃，静電気**等に対して安全な装てん機，又は装てん具を使用する。(第9号)

□ 電気発破において発破母線を敷設する場合は，**電線路**その他の**充電部又は帯電**するおそれが多いものから隔離する。(規則第54条第5号)

□ 発破を終了したときは，**有害ガス**の危険が除去された後，天盤，側壁その他岩盤などを検査し，**安全**と認めた後でなければ，何人も発破場所に立入らせてはならない。(規則第56条)

R4 前期【No. 39】

火薬類の取扱いに関する次の記述のうち，火薬類取締法上，**誤って**
いるものはどれか。
1. 火薬庫の境界内には，必要がある者のほかは立ち入らない。
2. 火薬庫の境界内には，爆発，発火，又は燃焼しやすい物をたい積
   しない。
3. 火工所に火薬類を保存する場合には，必要に応じて見張人を配置
   する。
4. 消費場所において火薬類を取り扱う場合，固化したダイナマイト
   等は，もみほぐす。

解答 3

解説 1.は火薬類取締法施行規則第21条第1項第1号により正しい。
2.は第2号により正しい。3.は第52条の2第3項第3号に「火
工所に火薬類を存置する場合には，見張人を常時配置すること」と規
定されている。4.は第51条第7号により正しい。

H30 後期【No. 39】改

火薬類取締法上，火薬類の取扱いに関する次の記述のうち，**誤って**
いるものはどれか。
1. 火薬類を収納する容器は，木その他電気不良導体で作った丈夫な
   構造のものとし，内面には鉄類を表さないこと。
2. 火薬類を存置し，又は運搬するときは，火薬，爆薬，導火線と火
   工品とを同一の容器に収納すること。
3. 火工所以外の場所においては，薬包に雷管を取り付ける作業を
   行ってはならない。
4. 18歳未満の者は，火薬類の取扱いをしてはならない。

解答 2

解説 1.は火薬類取締法施行規則第51条第1号により正しい。2.は第2
号に「火薬類を存置し，又は運搬するときは，火薬，爆薬，導火線又
は制御発破用コードと火工品とは，それぞれ異った容器に収納するこ
と（後略）」と規定されている。3.は第52条の2第3項第6号によ
り正しい。4.は火薬類取締法第23条第1項により正しい。

01 騒音規制法

▶▶ パパっとまとめ
　騒音規制法における特定建設作業の種類，及び指定地域内における特定建設作業の規制基準を覚える。

指定地域と騒音の大きさ・作業時間

□ 住民の生活環境を保全する必要があると認める地域の指定は，都道府県知事又は市長が行う。(第 3 条第 1 項)

□ 指定地域内における特定建設作業の規制基準

規制の種類／区域	第 1 号区域	第 2 号区域
騒音の大きさ	敷地境界において 85 デシベルを超えないこと	
作業時間帯	午後 7 時〜午前 7 時に行われないこと	午後 10 時〜午前 6 時に行われないこと
作業期間	1 日当たり 10 時間以内	1 日当たり 14 時間以内
	連続 6 日以内	
作業日	日曜日，その他の休日でないこと	

特定建設作業

□「特定建設作業」とは，次表に掲げる作業である。ただし，当該作業がその作業を開始した日に終わるものは除く。(第 2 条第 3 項，施行令第 2 条及び別表第二) 出る★★★

1	くい打機 (もんけんを除く。)，くい抜機又はくい打くい抜機 (圧入式くい打くい抜機を除く。) を使用する作業 (くい打機をアースオーガーと併用する作業を除く。)
2	びょう打機を使用する作業
3	さく岩機を使用する作業 (作業地点が連続的に移動する作業にあっては，1 日における当該作業に係る 2 地点間の最大距離が 50m を超えない作業に限る。)
4	空気圧縮機 (電動機以外の原動機を用いるものであって，その原動機の定格出力が 15kW 以上のものに限る。) を使用する作業 (さく岩機の動力として使用する作業を除く。)

5	コンクリートプラント（混練機の混練容量が 0.45m³ 以上のものに限る。）又はアスファルトプラント（混練機の混練重量が 200kg 以上のものに限る。）を設けて行う作業（モルタルを製造するためにコンクリートプラントを設けて行う作業を除く。）
6	バックホゥ（一定の限度を超える大きさの騒音を発生しないものとして環境大臣が指定するものを除き，原動機の定格出力が 80kW 以上のものに限る。）を使用する作業
7	トラクターショベル（一定の限度を超える大きさの騒音を発生しないものとして環境大臣が指定するものを除き，原動機の定格出力が 70kW 以上のものに限る。）を使用する作業
8	ブルドーザ（一定の限度を超える大きさの騒音を発生しないものとして環境大臣が指定するものを除き，原動機の定格出力が 40kW 以上のものに限る。）を使用する作業

□ 指定地域内において特定建設作業を伴う建設工事を施工しようとする者は，作業開始日の 7 日前までに，市町村長に届け出なければならない。ただし，災害その他非常の事態の発生により特定建設作業を緊急に行う必要がある場合は，この限りでない。（第 14 条第 1 項）

□ 指定地域内で特定建設作業を伴う建設工事を行う者が，届け出なければならない事項は以下の通りである。（第 14 条第 1 項及び第 3 項）

1 氏名又は名称及び住所並びに法人にあっては，その代表者の氏名

2 建設工事の目的に係る施設又は工作物の種類

3 特定建設作業の場所及び実施の期間 出る★★★

4 騒音の防止の方法

5 その他環境省令で定める事項

6 特定建設作業の場所の附近の見取図

□ 特定建設作業を伴う建設工事を施工する者に対し，特定建設作業の状況その他必要事項の報告を求めることができるのは，市町村長である。（第 20 条第 1 項）

例題 1

　騒音規制法上，建設機械の規格などにかかわらず特定建設作業の**対象とならない作業**は，次のうちどれか。

　ただし，当該作業がその作業を開始した日に終わるものを除く。

1. ブルドーザを使用する作業
2. バックホゥを使用する作業
3. 空気圧縮機を使用する作業
4. 舗装版破砕機を使用する作業

解答 4

解説 騒音規制法第 2 条第 3 項，施行令第 2 条及び別表第二により，特定建設作業に該当するものは，①くい打機，くい抜機又はくい打くい抜機を使用する作業，②びょう打機を使用する作業，③さく岩機を使用する作業，④空気圧縮機を使用する作業，⑤コンクリートプラント又はアスファルトプラントを設けて行う作業，⑥バックホゥを使用する作業，⑦トラクターショベルを使用する作業，⑧ブルドーザを使用する作業である。したがって，4. の舗装版破砕機を使用する作業は対象とならない。

例題 2

　騒音規制法上，指定地域内において特定建設作業を施工しようとする者が，届け出なければならない事項として，**該当しないもの**は次のうちどれか。

1. 特定建設作業の場所
2. 特定建設作業の実施期間
3. 特定建設作業の概算工事費
4. 騒音の防止の方法

解答 3

解説 騒音規制法第 14 条第 1 項に「指定地域内において特定建設作業を伴う建設工事を施工しようとする者は，当該特定建設作業の開始の日の 7 日前までに，環境省令で定めるところにより，次の事項を市町村長に届け出なければならない。ただし，災害その他非常の事態の発生により特定建設作業を緊急に行う必要がある場合は，この限りでない。①氏名又は名称及び住所並びに法人にあっては，その代表者の氏名，②建設工事の目的に係る施設又は工作物の種類，③特定建設作業の場所及び実施の期間，④騒音の防止の方法，⑤その他環境省令で定める事項」と規定されている。

01 振動規制法

▶▶▶ パパっとまとめ

振動規制法における特定建設作業の種類，及び指定地域内における特定建設作業の規制基準を覚える。

指定地域と振動の大きさ・作業時間

☐ 都道府県知事（市の区域内の地域については，市長）は，住居が集合している地域，病院又は学校の周辺の地域その他の地域で振動を防止することにより住民の生活環境を保全する必要があると認めるものを指定しなければならない。（第3条第1項）

☐ 指定地域内における特定建設作業の規制基準（規則第11条及び別表第一）出る ★★★

規制の種類／区域	第1号区域	第2号区域
振動の大きさ	敷地境界において75デシベルを超えないこと	
作業時間帯	午後7時～午前7時に行われないこと	午後10時～午前6時に行われないこと
作業期間	1日当たり10時間以内	1日当たり14時間以内
	連続6日以内	
作業日	日曜日，その他の休日でないこと	

☐ 指定地域内において特定建設作業を伴う建設工事を施工しようとする者は，特定建設作業の開始の日の7日前までに，市町村長に届け出なければならない。（第14条第1項）出る ★★★

□ 指定地域内において特定建設作業を伴う建設工事を行う者が，届け出なければならない事項は以下の通りである。(第14条第1項及び第3項)

1. 氏名又は名称及び住所並びに法人にあっては，その代表者の氏名
2. 建設工事の目的に係る施設又は工作物の種類
3. 特定建設作業の種類，場所，実施期間及び作業時間
4. 振動の防止の方法
5. その他環境省令で定める事項
6. 特定建設作業の場所の付近の見取図

□「特定建設作業」は，次表に掲げる作業である。ただし，当該作業がその作業を開始した日に終わるものは除く。(第2条第3項，施工令第2条及び別表第二) 出る ★★☆

1	くい打機 (もんけん及び圧入式くい打機を除く。)，くい抜機 (油圧式くい抜機を除く。) 又はくい打くい抜機 (圧入式くい打くい抜機を除く。) を使用する作業
2	鋼球を使用して建築物その他の工作物を破壊する作業
3	舗装版破砕機を使用する作業 (作業地点が連続的に移動する作業にあっては，1日における当該作業に係る2地点間の最大距離が50mを超えない作業に限る。)
4	ブレーカ (手持式のものを除く。) を使用する作業 (作業地点が連続的に移動する作業にあっては，1日における当該作業に係る2地点間の最大距離が50mを超えない作業に限る。)

□ 振動規制法上の特定建設作業においては，規制基準を満足しないことにより周辺住民の生活環境に著しい影響を与えている場合には，市町村長は，改善を勧告することができる。(第15条第1項)

□ 市町村長は，指定地域について，振動の大きさを測定するものとする。(第19条)

R4 後期【No. 41】

　振動規制法に定められている特定建設作業の**対象となる建設機械**は，次のうちどれか。ただし，当該作業がその作業を開始した日に終わるものを除き，1 日における当該作業に係る 2 地点間の最大移動距離が 50m を超えない作業とする。
1. ジャイアントブレーカ
2. ブルドーザ
3. 振動ローラ
4. 路面切削機

解答 1

解説 振動規制法第 2 条第 3 項，施行令第 2 条及び別表二により，特定建設作業は，①くい打機，くい抜機（油圧式くい抜機を除く）を使用する作業，②鋼球を使用して建築物その他の工作物を破壊する作業，③舗装版破砕機を使用する作業（作業地点が連続的に移動する作業にあっては，1 日における当該作業に係る 2 地点間の最大距離が 50m を超えない作業に限る），④ブレーカ（手持式のものを除く）を使用する作業である。

R3 前期【No. 41】

　振動規制法上，指定地域内において特定建設作業を施工しようとする者が行う特定建設作業の実施に関する届出先として，**正しいもの**は次のうちどれか。
1. 国土交通大臣
2. 環境大臣
3. 都道府県知事
4. 市町村長

解答 4

解説 振動規制法第 14 条第 1 項に「指定地域内において特定建設作業を伴う建設工事を施工しようとする者は，当該特定建設作業の開始の日の 7 日前までに，（中略）市町村長に届け出なければならない。ただし，災害その他非常の事態の発生により特定建設作業を緊急に行う必要がある場合は，この限りでない」と規定されている。

01 港則法

▶▶ **パパっとまとめ**

　船舶の特定港における入出港や停泊，危険物の運搬等における許可・届出について覚える。また航路及び航法についても覚える。

港則法

☐ 港則法の目的は，港内における船舶交通の**安全**及び港内の**整とん**を図ることである。(第1条)

☐ 船舶は，特定港を**入港**したとき又は**出港**しようとするときは，港長に**届け出**なければならない。(第4条) **出る★★★**

☐ 特定港内において，汽艇等以外の船舶を**修繕**しようとする者は，その旨を港長に**届け出**なければならない。(第7条第1項)

☐ 船舶は，特定港において危険物の**積込**，**積替**又は**荷卸**をするには，港長の**許可**を受けなければならない。(第22条第1項)

☐ 船舶は，特定港内又は特定港の境界附近において危険物を**運搬**しようとするときは，港長の**許可**を受けなければならない。(第4項)

☐ 特定港内において使用すべき**私設信号**を定めようとする者は，港長の**許可**を受けなければならない。(第28条)

☐ 特定港内又は特定港の境界附近で**工事**又は**作業**をしようとする者は，港長の**許可**を受けなければならない。(第31条第1項) **出る★★★**

☐ 船舶は，航路内において，工事又は作業で**投びょう**するときは，港長の**許可**を受けなければならない。(第12条第4号及び第31条第1項)

☐ 港内又は港の境界附近における船舶の交通の妨げとなるおそれのある**強力な灯火**をみだりに使用してはならない。(第36条第1項)

航路及び航法

☐ 汽艇等以外の船舶は，特定港に出入し，又は特定港を通過するときは**国土交通省令で定める航路**を通らなければならない。(第11条) **出る**★★★

☐ 船舶は，航路内においては，原則として**投びょうし，またはえい航している船舶を放**してはならない。(第12条) **出る**★★★

☐ 航路外から航路に入り，又は航路から航路外に出ようとする船舶は，**航路を航行する他の船舶の進路**を避けなければならない。(第13条第1項) **出る**★★★

☐ 船舶は，航路内においては，**並列**して航行してはならない。(第2項)

☐ 船舶は，航路内において他の船舶と行き会うときは，**右側**を航行しなければならない。(第3項) **出る**★★★

☐ 船舶は，航路内においては，他の船舶を**追い越**してはならない。(第4項) **出る**★★★

☐ 船舶は，港内及び港の境界附近においては他の船舶に**危険**を及ぼさないような**速力**で航行しなければならない。(第16条第1項)

☐ 船舶は，港内において防波堤，埠頭，又は停泊船舶などを右げんに見て航行するときは，できるだけこれに**近寄り**，左げんに見て航行するときは，できるだけこれに**遠ざかって**航行しなければならない。(第17条) **出る**★★★

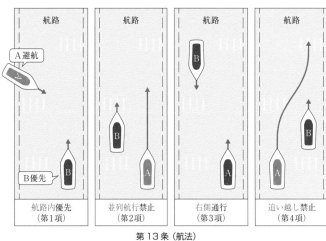

第13条（航法）

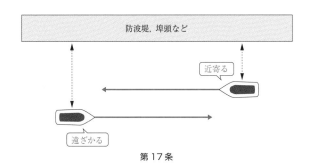

第17条

港則法上，特定港内の船舶の航路及び航法に関する次の記述のうち，**誤っているもの**はどれか。
1. 汽艇等以外の船舶は，特定港に出入し，又は特定港を通過するには，国土交通省令で定める航路によらなければならない。
2. 船舶は，航路内においては，原則として投びょうし，又はえい航している船舶を放してはならない。
3. 船舶は，航路内において，他の船舶と行き会うときは，左側を航行しなければならない。
4. 航路から航路外に出ようとする船舶は，航路を航行する他の船舶の進路を避けなければならない。

解答 3

解説 1.は港則法第11条により正しい。2.は第12条により正しい。3.は第13条第3項に「船舶は，航路内において，他の船舶と行き会うときは，右側を航行しなければならない」と規定されている。4.は第1項により正しい。

港則法に関する次の記述のうち，**誤っているもの**はどれか。
1. 船舶は，特定港に入港したときは，港長の許可を受けなければならない。
2. 特定港内で工事又は作業をしようとする者は，港長の許可を受けなければならない。
3. 船舶は，港内においては停泊船舶を右げんに見て航行するときは，できるだけ停泊船舶に近寄って航行しなければならない。
4. 船舶は，航路内においては，他の船舶を追い越してはならない。

解答 1

解説 1.は港則法第4条に「船舶は，特定港に入港したとき又は特定港を出港しようとするときは，国土交通省令の定めるところにより，港長に届け出なければならない」と規定されている。2.は第31条第1項により正しい。3.は第17条により正しい。4.は第13条第4項により正しい。

4

第 4 章

共通工学

01 測量

> **パパっとまとめ**
>
> 以前は水準測量が多く出題されていたが，近年は閉合トラバース測量が多く出題されている。水準測量の地盤高の求め方，閉合トラバースの計算方法について理解する。

水準測量

☐ 簡易水準測量を除き，**往復観測**とする。

☐ 標尺は，2本1組とし，往路と復路との観測において標尺を交換する。

☐ レベルと後視または前視標尺との距離は**等しく**する。

☐ 固定点間の測点数は**偶数**とする。

☐ 地盤高の計算 **出る ★★★**

No. 0 の地盤高が 12.0 m のとき，図に示す水準測量を行った結果を昇降式で整理すると，各測点の地盤高は次表の通りとなる。

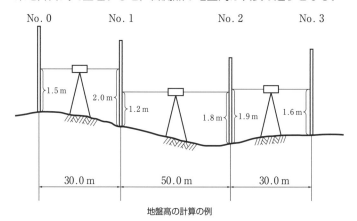

地盤高の計算の例

出典：令和3年度 2級土木施工管理技術検定第一次検定（後期）試験問題 No. 43

測点 No.	距離 (m)	後視 (m)	前視 (m)	高低差 (m) +	高低差 (m) −	地盤高 (m)
0		1.5				12.0
1	30	1.2	2.0		0.5	11.5
2	50	1.9	1.8		0.6	10.9
3	30		1.6	0.3		11.2

各測点の地盤高の計算は次の通りとなる。

No.1：12.0m（No.0の地盤高）＋（1.5m（No.0の後視）
　　　－ 2.0m（No.1の前視））＝ 11.5m

No.2：11.5m（No.1の地盤高）＋（1.2m（No.1の後視）
　　　－ 1.8m（No.2の前視））＝ 10.9m

No.3：10.9m（No.2の地盤高）＋（1.9m（No.2の後視）
　　　－ 1.6m（No.3の前視））＝ 11.2m

最終の測点である No.3 の地盤高を求める場合は，表の高低差の総和を測点 No.0 の地盤高 12.0m に足しても良い。

12.0m ＋（0.3m ＋（− 0.5m − 0.6m））＝ 11.2m

閉合トラバース測量

□ 方位角の計算

方位角とは，真北（磁北 N の方向）を 0° 0' 0" として右回り（時計回り）に表示した水平角のことである。表の観測結果において，測線 AB の方位角（A → B の方向）は 182° 50' 39" であることから，測線 BA の方位角（B → A の方向）は，測線 AB の方位角から 180°を引いた 2° 50' 39" となる。よって測線 BC の方位角は，測線 BA の方位角 2° 50' 39" に測点 B の観測角 100° 6' 34" を足した 102° 57' 13" となる。

測点	観測角		
A	115°	54'	38"
B	100°	6'	34"
C	112°	33'	39"
D	108°	45'	25"
E	102°	39'	44"

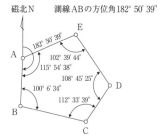

出典：令和5年度　2級土木施工管理技術検定第一次検定（前期）試験問題 No.43

□ 閉合比の計算

側線	距離 l（m）	方位角	緯距 L（m）	経距 D（m）
AB	37.373	180° 50' 40"	− 37.289	− 2.506
BC	40.625	103° 56' 12"	− 9.785	39.429
CD	39.078	36° 30' 51"	31.407	23.252
DE	38.803	325° 15' 14"	31.884	− 22.115
EA	41.378	246° 54' 60"	− 16.223	− 38.065
計	197.257		− 0.005	− 0.005

閉合誤差＝0.007m

出典：令和4年度　2級土木施工管理技術検定第一次検定（後期）試験問題 No.43

トラバース測量において，閉合比は，一般に分子を1とした分数で表し，以下の式（1）により求められ，この値の大小でトラバース測量の精度が表される。なお閉合誤差は，以下の式（2）で求められる。

閉合比＝閉合誤差／トラバースの各測線の総和　……（1）

$$閉合誤差＝\sqrt{（緯距の閉合誤差）^2 ＋ （経距の閉合誤差）^2}$$
……（2）

よって，閉合誤差は 0.007m（$=\sqrt{(-0.005)^2 + (-0.005)^2}$）となる。また，トラバースの各測線の総和は 197.257m であることから，閉合比は 0.007／197.257 ≒ 1／28100 となる。

□ トータルステーションの据付け

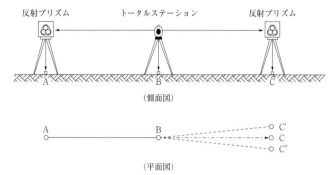

（側面図）

（平面図）

出典：平成 28 年度　2 級土木施工管理技術検定学科試験試験問題 No. 43

① 図のようにトータルステーションを測点 B に据付け，望遠鏡
　正位で点 A を視準して望遠鏡を反転し，点 C' をしるす。
② 望遠鏡反位で点 A を視準して望遠鏡を反転し，点 C" をしるす。
③ C'C" の中点に測点 C を設置する。

例題 1

R4 前期【No. 43】

トラバース測量を行い下表の観測結果を得た。測線 AB の方位角は
183° 50' 40" である。測線 BC の方位角は次のうちどれか。

測点	観測角		
A	116°	55'	40"
B	100°	5'	32"
C	112°	34'	39"
D	108°	44'	23"
E	101°	39'	46"

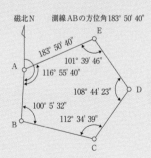

1.　103° 52' 10"
2.　103° 54' 11"
3.　103° 56' 12"
4.　103° 58' 13"

191

解答 3

解説 方位角とは，真北（磁北 N の方向）を 0° 0' 0" として右回り（時計回り）に表示した水平角のことである。測線 AB の方位角（A → B の方向）は 183° 50' 40" であることから，測線 BA の方位角（B → A の方向）は 3° 50' 40" となる。よって測線 BC の方位角は，測線 BA の方位角 3° 50' 40" に測点 B の観測角 100° 5' 32" を足した 103° 56' 12" となる。

例題2

下図のように No.0 から No.3 までの水準測量を行い，図中の結果を得た。No.3 の地盤高は次のうちどれか。なお，No.0 の地盤高は 10.0m とする。

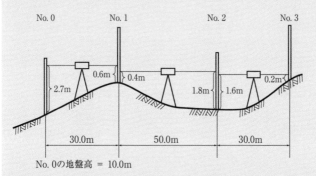

No. 0の地盤高 ＝ 10.0m

1. 11.8m
2. 11.9m
3. 12.0m
4. 12.1m

解答 4

解説 水準測量で測定した結果を昇降式で野帳に記入し整理すると，次の通りとなる。

192

測点 No.	距離 (m)	後視 (m)	前視 (m)	高低差 (m)		地盤高 (m)
				＋	－	
0	30	2.7				10.0
1		0.4	0.6	2.1		12.1
2	50	1.6	1.8		1.4	10.7
3	30		0.2	1.4		12.1

それぞれ測点の地盤高は次の通りとなる。

No.1：10.0m（No.0 の地盤高）＋（2.7m（No.0 の後視）
　　　－0.6m（No.1 の前視））＝ 12.1m

No.2：12.1m（No.1 の地盤高）＋（0.4m（No.1 の後視）
　　　－1.8m（No.2 の前視））＝ 10.7m

No.3：10.7m（No.2 の地盤高）＋（1.6m（No.2 の後視）
　　　－0.2m（No.3 の前視））＝ 12.1m

別解　表の高低差の総和を測点 No.0 の地盤高 10.0m に足してもよい。
　　　10.0m ＋（2.1m ＋ 1.4m ＋（－1.4m））＝ 12.1m

4

共通工学

01 公共工事標準請負契約約款

▶▶ **パパっとまとめ**

公共工事標準請負契約約款には，設計図書の変更や現場代理人・主任技術者・監理技術者に関すること，工事の中止等に関することが定められている。それぞれの規定を理解する。

設計図書等

☐ **設計図書**：設計図書とは，図面，仕様書，現場説明書及び現場説明に対する質問回答書をいう。（第1条第1項）**出る** ★★★

☐ **一括委任又は一括下請負の禁止**：受注者は，一般に工事の全部若しくはその主たる部分を一括して第三者に請け負わせてはならない。（第6条）

☐ **工事用地の確保等**：発注者は，設計図書において定められた工事の施工上必要な用地を受注者が工事の施工上必要とする日までに確保しなければならない。（第16条第1項）

☐ **改造義務**：受注者は，工事の施工部分が設計図書に適合しない場合，監督員がその改造を請求したときは，その請求に従わなければならない。（第17条）

☐ **設計図書の変更**：発注者は，必要があるときは，設計図書の変更内容を受注者に通知して，設計図書を変更することができる。（第19条）

☐ **請負代金額の変更方法等**：請負代金額の変更については，原則として発注者と受注者が協議して定める。（第25条（A），（B））

☐ **検査及び引渡し**：発注者は，工事完成検査において，**必要があ
ると認められるとき**は，その理由を受注者に通知して，工事目
的物を最小限度破壊して検査することができる。なお，検査及
び復旧に直接要する費用は，**受注者の負担とする。**（32 条第 2
項及び第 3 項）出る★★★

現場代理人・主任技術者・監理技術者

☐ **現場代理人及び主任技術者等**：現場代理人とは，契約を取り交
わした会社の代りとして，任務を代行する責任者をいう。（第
10 条第 2 項）

☐ 発注者は，現場代理人の工事現場における**運営**などに支障がな
く，発注者との**連絡体制**が確保される場合には，現場代理人に
ついて工事現場に常駐を要しないこととすることができる。
（第 3 項）

☐ 現場代理人，主任技術者（監理技術者）及び専門技術者は，こ
れを兼ねることができる。（第 5 項）出る★★★

工事材料・支給品

☐ **工事材料の品質及び検査等**：工事材料の品質については，設計
図書にその品質が明示されていない場合は，**中等**の品質を有す
るものとする。（第 13 条第 1 項）

☐ 設計図書において監督員の検査を受けて使用すべきものと指
定された工事材料の検査に直接要する費用は，**受注者が負担し
なければならない。**（第 2 項）

☐ 受注者は，工事現場内に搬入した工事材料を監督員の承諾を受
けないで工事現場外に搬出してはならない。（第 4 項）

□ **支給材料及び貸与品**：受注者は，工事の完成，設計図書の変更
　等によって不用となった支給材料又は貸与品は，**発注者に返還**
　しなければならない。（第15条第9項）

監督員への確認請求

条件変更等：建設工事の施工に当たり，受注者が監督員に通知し，
その確認を請求しなければならない事項。（第18条第1項）

□ **図面，仕様書，現場説明書及び現場説明**に対する**質問回答書**が
　一致しないとき。（第1号）

□ 設計図書に**誤謬又は脱漏**があるとき。（第2号）

□ 設計図書の表示が**明確でない**とき。（第3号）

□ 工事現場の形状，**地質**，**湧水**等の状態，施工上の制約等設計図
　書に示された**自然的又は人為的**な施工条件と実際の工事現場
　が一致しないとき。（第4号）

工事の中止，工期等

□ **工事の中止**：発注者は，天災等の受注者の責任でない理由によ
　り工事を施工できない場合は，**受注者に工事の一時中止**を命じ
　なければならない。（第20条第1項）

□ **発注者**は，必要があると認めるときは，工事の中止内容を**受注
　者**に通知して，工事の全部又は一部の施工を一時中止させるこ
　とができる。（第2項）

□ **受注者の請求による工期の延長**：受注者は，天候の不良など受
　注者の責めに帰すことができない事由により工期内に工事を
　完成することができないときは，**発注者に工期の延長変更**を請
　求することができる。（第22条）

□ **発注者の請求による工期の短縮等**：発注者は，特別の理由により工期を短縮する必要があるときは，工期の短縮変更を受注者に請求することができる。（第 23 条第 1 項）

□ **工期の変更方法**：工期の変更については，原則として発注者と受注者が協議して定める。（第 24 条）

例題

R4 前期【No. 44】

公共工事標準請負契約約款に関する次の記述のうち，**誤っているもの**はどれか。

1. 設計図書とは，図面，仕様書，現場説明書及び現場説明に対する質問回答書をいう。
2. 工事材料の品質については，設計図書にその品質が明示されていない場合は，上等の品質を有するものでなければならない。
3. 発注者は，工事完成検査において，必要があると認められるときは，その理由を受注者に通知して，工事目的物を最小限度破壊して検査することができる。
4. 現場代理人と主任技術者及び専門技術者は，これを兼ねることができる。

解答 2

解説 1.は公共工事標準請負契約約款第 1 条（総則）第 1 項により正しい。2.は同約款第 13 条（工事材料の品質及び検査等）第 1 項に「工事材料の品質については，設計図書に定めるところによる。設計図書にその品質が明示されていない場合にあっては，中等の品質を有するものとする」と規定されている。3.は同約款第 32 条（検査及び引渡し）第 2 項により正しい。4.は同約款第 10 条（現場代理人及び主任技術者等）第 5 項により正しい。

4

共通工学

01 図面

▶▶ **パパっとまとめ**

　近年は，逆T型擁壁各部の名称，道路橋の各部の構造名称，ブロック積擁壁各部の名称，橋の長さを表す名称が頻繁に出題されている。それぞれの構造物の各部の名称を覚える。

構造物の各部の名称

☐ ブロック積擁壁各部の名称

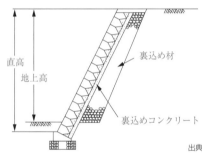

ブロック積擁壁

出典：令和5年度　2級土木施工管理技術検定第一次検定（前期）試験問題 No. 45

☐ 橋の各部の名称

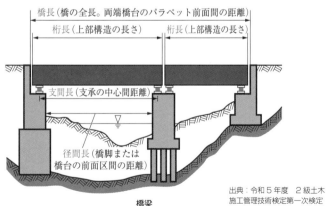

橋梁

出典：令和5年度　2級土木施工管理技術検定第一次検定（後期）試験問題 No. 45

□ 道路橋の構造名称 出る ★★★

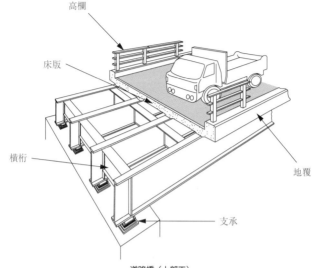

道路橋（上部工）

出典：令和5年度　2級土木施工管理技術検定第一次検定（後期）試験問題 No.45

□ 逆T型擁壁各部の名称 出る ★★★

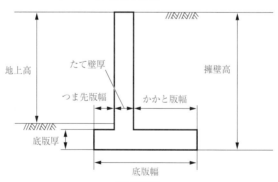

逆T型擁壁

出典：令和3年度　2級土木施工管理技術検定第一次検定（前期）試験問題 No.45

例題

下図は橋の一般的な構造を示したものであるが，（イ）～（ニ）の橋の長さを表す名称に関する組合せとして，**適当なもの**は次のうちどれか。

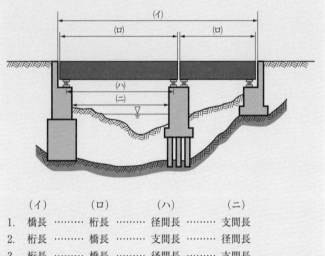

	（イ）	（ロ）	（ハ）	（ニ）
1.	橋長 ………	桁長 ………	径間長 ………	支間長
2.	桁長 ………	橋長 ………	支間長 ………	径間長
3.	桁長 ………	橋長 ………	径間長 ………	支間長
4.	橋長 ………	桁長 ………	支間長 ………	径間長

解答 4

解説 設問の図の各部の名称は，（イ）橋長（橋の全長。両端橋台のパラペット前面間の距離），（ロ）桁長（上部構造の長さ），（ハ）支間長（支承の中心間距離），（ニ）径間長（橋脚または橋台の前面区間の距離）である。

5

第5章
施工管理

01 施工計画

> バパっとまとめ
> 施工計画作成のための事前調査の内容と，調達計画や品質管理計画等，各種計画の内容を理解する。また施工計画における留意事項について理解する。

施工計画作成のための事前調査

□ 事前調査は，契約条件・設計図書の検討，現地調査が主な内容である。出る★★★

□ 工事内容の把握のため，契約書，設計図書及び仕様書の内容等の調査を行う。出る★★★

□ 現場の自然条件の把握のため，地域特性，地質，地下水，湧水，気象等の調査を行う。出る★★★

□ 近隣環境の把握のため，現場周辺の状況，近接構造物，地下埋設物，交通量等の調査を行う。出る★★★

□ 労務，資機材の把握のため，労務の供給，資機材の調達の可能性，適合性，調達先等の調査を行う。出る★★★

□ 輸送，用地の把握のため，道路状況，工事用地などの調査を行う。出る★★★

施工計画の作成

□ 調達計画は，労務計画，機械計画，資材計画ならびに輸送計画が主な内容である。出る★★★

□ 環境保全計画は，法規に基づく規制基準に適合するように計画することが主な内容である。

□ 環境保全計画は，公害問題，交通問題，近隣環境への影響等に対し，十分な対策を立てることが主な内容である。

□ 品質管理計画は，設計図書に基づく規格値内に収まるよう計画することが主な内容である。

□ 仮設備計画には，材料置場，土留め工などの仮設備の設計，仮設備の配置が主な内容である。 出る ★ ★ ★

□ 管理計画は，品質管理計画，環境保全計画，安全衛生計画が主な内容であり，また施工技術計画は，作業計画，工程計画が主な内容である。

施工計画作成の留意事項

□ 施工計画は，企業内の組織を活用して，全社的な技術水準で検討する。

□ 施工計画は，過去の実績や経験のみで満足せず，常に改良を試み，新しい工法，新技術を積極的に取り入れ，総合的に検討し，現場に最も合致した施工方法を採用する。

□ 施工計画は，一つのみでなく，複数の案を立て，代替案を考えて比較検討し最良の計画を採用することに努める。

□ 発注者の要求品質を確保するとともに，安全を最優先にした施工計画とする。

□ 発注者から示された工程が最適であるとは限らないので，経済性や安全性，品質の確保を考慮して検討する。

□ 施工計画書の作成は，進入道路，工事用電力，水道などの仮設備計画の検討が必要である。

□ 施工計画書の作成は，使用機械の選定を含む施工順序と施工方法の検討が必要である。

□ 施工計画書の作成は，現場条件が大きく影響するのでその状況を確認することが重要である。

□ 簡単な工事でも必ず適正な施工計画を立てて見積りをすることが大切である。

例題

施工計画作成のための事前調査に関する次の記述のうち，**適当でないもの**はどれか。

1. 近隣環境の把握のため，現場周辺の状況，近隣施設，交通量等の調査を行う。
2. 工事内容の把握のため，現場事務所用地，設計図書及び仕様書の内容等の調査を行う。
3. 現場の自然条件の把握のため，地質，地下水，湧水等の調査を行う。
4. 労務，資機材の把握のため，労務の供給，資機材の調達先等の調査を行う。

解答 2

解説 1. と 3. と 4. は記述の通りである。2. の工事内容の把握のためには，設計図書及び仕様書の内容等の契約条件に関する事前調査を行う。現場事務所用地は現場条件に関する事前調査である。

02 仮設工事

▶▶ パパっとまとめ

仮設工事には直接仮設工事と間接仮設工事がある。それぞれの仮設工事の内容を理解する。また仮設には，指定仮設と任意仮設がある。それぞれの違いについて理解する。

仮設工事

☐ 材料は，一般の市販品を使用し，可能な限り規格を統一し，他工事にも転用できるような計画にする。出る★★★

☐ 仮設備は，使用目的や期間に応じて構造計算を行い，労働安全衛生規則の基準に合致するかそれ以上の計画とする。出る★★★

☐ 仮設構造物は，使用期間が短い場合は安全率を多少割引くことが多い。

☐ 仮設は，目的とする構造物を建設するために必要な施設であり，原則として工事完成時に取り除かれるものである。

指定仮設と任意仮設

☐ 仮設には，指定仮設と任意仮設があり，指定仮設は変更契約の対象となるが，任意仮設は一般に変更契約の対象にはならない。

☐ 指定仮設と任意仮設のうち，任意仮設では施工者独自の技術と工夫や改善の余地が多いので，より合理的な計画を立てることが重要である。出る★★★

☐ 指定仮設は，発注者が設計図書でその構造や仕様を指定する。

☐ 指定仮設は，構造の変更が必要な場合は発注者の承諾が必要である。

5

施工管理

□ 任意仮設は，規模や構造などを受注者に任せている仮設である。

□ 任意仮設は，工事目的物の変更に伴い仮設構造物に変更が生ずる場合は，設計変更の対象とすることができる。

直接仮設工事と間接仮設工事

□ 直接仮設工事と間接仮設工事は以下のように分けられる。

出る ★★★

直接仮設工事	工事用道路・軌道，索道・クレーン，コンベヤ類，その他運搬設備，荷役設備，桟橋，支保工足場，材料置場，電力設備，給水設備，排水・止水設備，給気・排気設備，土留め，締切り，コンクリート打設設備，バッチャープラント，砕石プラント，ケーソン・シールド用圧気設備，防護施設，安全施設，その他機械の据付け・撤去
間接仮設工事	現場事務所，連絡所，現場見張所，下請事務所，各種倉庫，車庫，モータープール，修理工場，コンプレッサー・ウィンチ・ポンプ・その他各種機械室，鉄筋・型枠等の下ごしらえ小屋，試験室，社員宿舎，労務宿舎，医務室，更生施設

例題 1

R4 後期【No. 47】

　仮設工事に関する次の記述のうち，**適当でないもの**はどれか。

1. 直接仮設工事と間接仮設工事のうち，現場事務所や労務宿舎等の設備は，直接仮設工事である。

2. 仮設備は，使用目的や期間に応じて構造計算を行い，労働安全衛生規則の基準に合致するかそれ以上の計画とする。

3. 指定仮設と任意仮設のうち，任意仮設では施工者独自の技術と工夫や改善の余地が多いので，より合理的な計画を立てることが重要である。

4. 材料は，一般の市販品を使用し，可能な限り規格を統一し，他工事にも転用できるような計画にする。

解答 1

解説 1.の直接仮設工事には，工事に必要な工事用道路，荷役設備，支保工，足場，安全施設，材料置場，電力設備，給気・排気設備や土留め等があり，間接仮設工事には工事遂行に必要な現場事務所，労務宿舎，倉庫等がある。2.と4.は記述の通りである。3.の任意仮設は，構造等の条件は明示されず計画や施工方法は施工業者に委ねられるため，施工者独自の技術と工夫や改善により合理的な計画とすることが重要である。経費は契約上一式計上され，契約変更の対象にならないことが多い。指定仮設は，特に大規模で重要なものとして発注者が設計仕様，数量，設計図面，施工方法，配置等を指定するもので，設計変更の対象となる。

例題 2　　　　　　　　　　　　　　　　　　　　　H30 前期【No. 48】

　指定仮設と任意仮設に関する次の記述のうち，**適当でないもの**はどれか。

1. 指定仮設は，発注者の承諾を受けなくても構造変更できる。
2. 任意仮設は，工事目的物の変更にともない仮設構造物に変更が生ずる場合は，設計変更の対象とすることができる。
3. 指定仮設は，発注者が設計図書でその構造や仕様を指定する。
4. 任意仮設は，規模や構造などを受注者に任せている仮設である。

解答 1

解説 1.と3.の指定仮設は，特に大規模で重要なものとして発注者が設計図書でその構造，仕様，数量，施工方法，配置等を指定するものである。構造の変更には発注者の承諾が必要であり，設計変更の対象となる。2.と3.の任意仮設は，その規模や構造等の条件は明示されず，計画や施工方法は受注者の自主性と企業努力にゆだねられている。経費は契約上，一式計上され，契約変更の対象にならないことが多いが，工事目的物の変更にともない，仮設構造物に変更が生ずる場合は設計変更の対象となる。したがって，1.が適当でない。

03 建設機械の作業能力・作業効率

▶▶ **パパっとまとめ**

建設機械の作業能力の計算方法を理解する。また建設機械の走行に必要なコーン指数覚える。

建設機械の作業能力 出る★★★

□ 建設機械の時間当たり作業量 Q（m³/h）を算出する計算式は以下の通りである。

$$Q = \frac{q \times f \times E}{Cm} \times 60$$

q：1回当たりの積載量（m³）
f：土量換算係数
E：作業効率
Cm：サイクルタイム（分）

土量換算係数（f）の求め方

基準となる土量＼求める土量	地山	ほぐし（L）	締固め（C）
地山	1	L	C
ほぐし（L）	1/L	1	C/L
締固め（C）	1/C	L/C	1

L：ほぐし率　C：締固め率

建設機械の走行に必要なコーン指数

□ トラフィカビリティーとは，建設機械の走行性をいい，一般にコーン指数で判断される。

□ 各建設機械のコーン指数 qc は次の通りである。 出る★★★

	建設機械の種類	コーン指数 qc（kN/m²）
1	ダンプトラック	1,200以上
2	自走式スクレーパ（小型）	1,000以上
3	普通ブルドーザ（21t級）	700以上
4	スクレープドーザ	600以上
5	普通ブルドーザ（15t級）	500以上
6	湿地ブルドーザ	300以上
7	超湿地ブルドーザ	200以上

建設機械の作業効率

□ リッパビリティーとは，軟岩や硬い土をブルドーザに装着されたリッパによって作業できる程度をいう。

□ ブルドーザの作業効率は，砂の方が岩塊・玉石より**大きい**。

□ 建設機械の作業能力は，単独，または組み合わされた機械の**時間当たりの平均作業量**で表す。また，建設機械の整備を十分行っておくと向上する。

□ ダンプトラックの作業効率は，運搬路の**沿道条件**，**路面状態**，**昼夜の別**で変わる。

□ 建設機械の作業効率は，現場の**地形**，**土質**，**工事規模**等の現場条件によって変化する。

□ 建設機械の作業効率は，**気象条件**，**工事の規模**，**運転員の技量**等の各種条件により変化する。

施工管理

例題 1

施工計画の作成にあたり，建設機械の走行に必要なコーン指数が**最も大きい建設機械**は次のうちどれか。

1. 普通ブルドーザ（21t 級）　　　2. ダンプトラック
3. 自走式スクレーパ（小型）　　　4. 湿地ブルドーザ

解答 2

解説 建設機械が軟弱な土の上を走行するとき，土の種類や含水比によって作業能率が大きく異なり，高含水比の粘性土や粘土では走行不能になることもある。トラフィカビリティー（建設機械の走行性）は，コーン指数で示される。道路土工要綱（日本道路協会：平成 21 年版）によると，各建設機械のコーン指数は次の通りである。

	建設機械の種類	コーン指数 q_c（kN/m²）
1	普通ブルドーザ（21t 級）	700 以上
2	ダンプトラック	1,200 以上
3	自走式スクレーパ（小型）	1,000 以上
4	湿地ブルドーザ	300 以上

例題 2

　ダンプトラックを用いて土砂（粘性土）を運搬する場合に，時間当たり作業量（地山土量）Q（m³/h）を算出する計算式として下記の □□□ の（イ）〜（ニ）に当てはまる数値の組合せとして，**正しいもの**は次のうちどれか。

・ダンプトラックの時間当たり作業量 Q（m³/h）

$$Q = \frac{\boxed{(イ)} \times \boxed{(ロ)} \times E}{\boxed{(ハ)}} \times 60 = \boxed{(ニ)}\ \text{m}^3/\text{h}$$

q：1 回当たりの積載量（7㎥）
f：土量換算係数 = 1/L（土量の変化率 L = 1.25）
E：作業効率（0.9）
Cm：サイクルタイム（24 分）

	（イ）	（ロ）	（ロ）	（ロ）
1.	24 ·········	1.25 ·········	7 ·········	231.4
2.	7 ·········	0.8 ·········	24 ·········	12.6
3.	24 ·········	0.8 ·········	7 ·········	148.1
4.	7 ·········	1.25 ·········	24 ·········	19.7

解答 2

解説 ブルドーザを用いて掘削押土する場合，時間当たり作業量 Q（m³/h）を算出する計算式は以下の通りとなる。

$$Q = \frac{q \times f \times E}{Cm} \times 60$$

よって，q = 7（m³），f = 0.8（f = 1/L = 1/1.25），E = 0.9，Cm = 24（分）より，Q = 12.6（m³/h）となる。

04 施工体制台帳及び施工体系図

学習 /

▶▶ パパっとまとめ

施工体制台帳及び施工体系図の作成等に関しては，建設業法第24条の8，施行規則第14条の2及び公共工事の入札及び契約の適正化の促進に関する法律第15条に規定されている。作成等について理解する。

施工体制台帳

□ **施工体制台帳の作成及び提出等**：公共工事を受注した建設業者が，下請契約を締結するときは，その金額にかかわらず，施工体制台帳を作成し，その写しを発注者に提出するものとする。

□ **施工体制台帳の記載事項等**：施工体制台帳には，下請負人の商号又は名称，工事の内容及び工期，技術者の氏名などについて記載する必要がある。

□ **再下請**：下請負人は，請け負った工事を再下請に出すときは，元請負人に施工体制台帳に記載する再下請負人の名称等を通知しなければならない。

□ 受注者は，発注者から工事現場の施工体制が施工体制台帳の記載に合致しているかどうかの点検を求められたときは，これを受けることを拒んではならない。

施工体系図

□ **施工体系図の作成等**：施工体系図は，各下請負人の施工の分担関係を表示したものであり，工事関係者及び公衆が見やすい場所に掲げなければならない。

□ **変更**：施工体系図は，変更があった場合には，速やかに変更して表示しておかなければならない。

5

施工管理

211

☐ **保存期間**：施工体系図は，当該建設工事の目的物の引渡しをしたときから 10 年間は保存しなければならない。

例題

公共工事において建設業者が作成する施工体制台帳及び施工体系図に関する次の記述のうち，**適当でないもの**はどれか。
1. 施工体制台帳は，下請負人の商号又は名称などを記載し，作成しなければならない。
2. 施工体系図は，変更があった場合には，工事完成検査までに変更を行わなければならない。
3. 施工体系図は，工事関係者及び公衆が見やすい場所に掲げなければならない。
4. 施工体制台帳は，その写しを発注者に提出しなければならない。
しっぴつ

解答 2

解説 1. は建設業法第 24 条の 8（施工体制台帳及び施工体系図の作成等）第 1 項により正しい。2. は「施工体制台帳の作成等について（通知）」（平成 7 年 6 月 20 日付け建設省経建発第 147 号）一. 作成建設業者の義務（8）施工体系図②に「（前略）工期の進行により表示すべき下請負人に変更があったときには，速やかに施工体系図を変更して表示しておかなければならない」と記されている。3. は建設業法第 24 条の 8 第 4 項，および公共工事の入札及び契約の適正化の促進に関する法律第 15 条（施工体制台帳の作成及び提出等）第 1 項により正しい。4. は公共工事の入札及び契約の適正化の促進に関する法律第 15 条第 2 項により正しい。

01 工程表・工程管理

▶▶ **パパっとまとめ**

工程表は，工事の施工順序と所要の日数等をわかりやすく図表化したものである。工程表の種類と特徴を覚える。また工程管理の方法と工程管理曲線（バナナ曲線）を理解する。

工程表の種類と特徴

□ 曲線式工程表には，**グラフ式工程表**と**出来高累計曲線**とがある。

□ 曲線式工程表は，**予定**と**実績**との差が比較・確認しやすいが，一つの作業の遅れが，工期全体に与える影響を，迅速・明確に把握することはできない。

□ **グラフ式工程表**は，縦軸に出来高または工事作業量比率，横軸に日数をとり，各作業の工程を斜線で表した図表である。

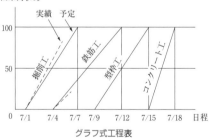

グラフ式工程表

□ **バーチャート**は，縦軸に部分工事をとり，横軸にその工事に必要な日数を棒線で記入した図表で，作成が簡単で各工事の開始日，終了日，所要日数が明らかになり，**工期**がわかりやすいので，**総合工程表**として一般に使用される。**出る★★★**

□ **出来高累計曲線**は，縦軸に出来高比率，横軸に工期をとり，工事全体の出来高比率の累計を曲線で表した図表である。

□ 出来高累計曲線は，一般的にS字型となり，工程管理曲線によって管理する。

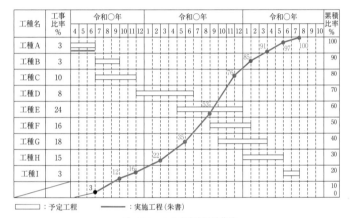

工種名	工事比率 %	令和○年												令和○年												令和○年									累積比率 %
		4	5	6	7	8	9	10	11	12	1	2	3	4	5	6	7	8	9	10	11	12	1	2	3	4	5	6	7	8	9	10	
工種A	3																													100			100
工種B	3																									85	91		97				90
工種C	10																					76											80
工種D	8																																70
工種E	24																	53															60
工種F	16																																50
工種G	18												35																				40
工種H	15										22																						30
工種I	3					12	16																										20
				3																													10 / 0

☐：予定工程　　━━：実施工程（朱書）

バーチャートと出来高累計曲線

□ **ガントチャート**は，縦軸に作業名を示し，横軸に各作業の出来高比率を棒線で表した図表であり，各作業の進捗状況が一目でわかる。

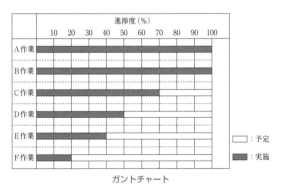

ガントチャート

□ 斜線式工程表は，縦軸に日数をとり，横軸にその工事に必要な距離を棒線で表す。

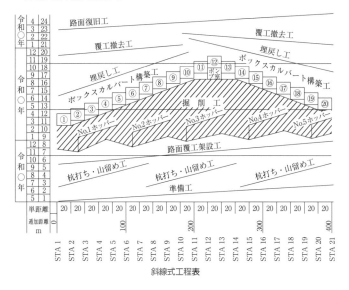

斜線式工程表

□ ネットワーク式工程表は，工事内容を系統だてて作業相互の関連，順序や日数を表した図表である。

□ ネットワーク式工程表は，全体工事と部分工事が明確に表現でき，各工事間の調整が円滑にできる。

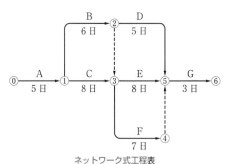

ネットワーク式工程表

工程管理

☐ 工程表は，工事の施工順序と所要日数をわかりやすく図表化したものである。**出る★★★**

☐ 計画工程と実施工程の間に差が生じた場合は，労務・機械・資材及び作業日数など，あらゆる方面から**原因を追及して改善する**。**出る★★★**

☐ 工程管理では，**実施工程が計画工程よりもやや上回る**程度に管理する。**出る★★★**

☐ 工程表は，常に工事の**進捗状況を把握**でき，**予定と実績の比較**ができるようにする。

☐ 工程管理では，**作業能率を高めるため，常に工程の進捗状況を全作業員に周知徹底する**。**出る★★★**

工程管理曲線 (バナナ曲線)

☐ 工程管理曲線の縦軸は**出来高比率**で，横軸は**時間経過比率**である。**出る★★★**

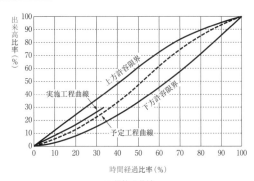

工程管理曲線

□ 上方許容限界と下方許容限界を設け，実施工程曲線が**許容範囲内**に収まるように工程を管理する。出る ★★★

□ 実施工程曲線が下方許容限界を下回るときは，工程が**遅れている**。

□ 上方許容限界を超えたときは，工程が**必要以上に進みすぎている**可能性がある。

例題 1

工程管理に関する次の記述のうち，**適当でないもの**はどれか。
1. 曲線式工程表は，一つの作業の遅れが，工期全体に与える影響を，迅速・明確に把握することが容易である。
2. 横線式工程表（ガントチャート）は，各作業の進捗状況が一目でわかるようになっている。
3. 横線式工程表（バーチャート）は，作成が簡単で各工事の工期がわかりやすくなっている。
4. ネットワーク式工程表は，全体工事と部分工事が明確に表現でき，各工事間の調整が円滑にできる。

解答 1

解説 1. の曲線式工程表には，グラフ式工程表と出来高累計曲線があり，縦軸に工事出来高または施工量の累積をとり，横軸に日数等の工期の時間的経過をとり，出来高の進捗状況を曲線で示したグラフである。予定と実績との差が比較・確認しやすいが，各作業の相互関連と重要作業がどれであるかは不明確である。2. のガントチャートは，縦軸に各作業名，横軸に各作業の達成率を 100％で示した工程表である。各作業の進捗状況が一目でわかるが，日数の把握は困難である。3. のバーチャートは，縦軸に各作業名，横軸に工期（日数）をとり，棒線で示した工程表である。各作業の所要日数がわかり，漠然と作業間の関連が把握できるが，工期に影響する作業がどれかわかりにくい。4. は記述の通りである。

5

施工管理

例題2

工程管理に関する次の記述のうち，**適当でないもの**はどれか。

1. 工程表は，常に工事の進捗状況を把握でき，予定と実績の比較ができるようにする。

2. 工程管理では，作業能率を高めるため，常に工程の進捗状況を全作業員に周知徹底する。

3. 計画工程と実施工程に差が生じた場合は，その原因を追及して改善する。

4. 工程管理では，実施工程が計画工程よりも，下回るように管理する。

解答 4

解説 1. と 2. は記述の通りである。3. の計画工程と実施工程に差が生じた場合は，労務・機械・資材及び作業日数など，あらゆる面から調査・原因究明を行い，工期内に効率的に工事を完成させる対策を講ずる。4. の工程管理では，予期せぬ事態に適切に対処できるよう，実施工程が計画工程をやや上回るように管理する。

02 ネットワーク式工程表

▶▶ **パパっとまとめ**

ネットワーク式工程表の計算方法を理解する。ネットワーク式工程表において，総余裕日数がゼロの作業の結合点を結んだ最長経路のことを，クリティカルパスといい，工期を決定する。

ネットワーク式工程表のルール

□ 結合点（イベント）は，○で表し，作業の開始と終了の接点を表す。

□ 結合点番号（イベント番号）は，同じ番号が二つあってはならない。

□ 疑似作業（ダミー）は，破線で表し，所要時間は持たない。

5 施工管理

ネットワーク式工程表の計算 出る ★★★

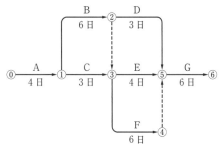

ネットワーク式工程表

出典：令和5年度　2級土木施工管理技術検定第一次検定（前期）試験問題 No. 57

□ クリティカルパスとは，最も日数を要する最長経路のことであり，工期を決定する。

□ 各経路の所要日数は，⓪→①→②→⑤→⑥＝5＋5＋4＋4＝18日，⓪→①→②→③→⑤→⑥＝5＋5＋0＋8＋4

＝ 22 日，⓪→①→②→③→④→⑤→⑥＝ 5 ＋ 5 ＋ 0 ＋ 7 ＋ 0 ＋ 4 ＝ 21 日，⓪→①→③→⑤→⑥＝ 5 ＋ 6 ＋ 8 ＋ 4 ＝ 23 日，⓪→①→③→④→⑤→⑥＝ 5 ＋ 6 ＋ 7 ＋ 0 ＋ 4 ＝ 22 日である。

□ クリティカルパスは⓪→①→③→⑤→⑥の経路で，工期は 23 日となる。

□ 作業 C 及び作業 E はクリティカルパス上の作業である。

□ 作業 F の最早完了時刻は作業 A と作業 C と作業 F の作業日数を足した 18 日，最遅完了時刻は工期の 23 日から作業 G の作業日数を引いた 19 日であり，作業 F の総余裕日数（トータルフロート）は 1 日となるため，1 日遅延しても全体の工期に影響はない。

例題　　　　　　　　　　　　　　　　　R5 後期【No.57】

下図のネットワーク式工程表について記載している下記の文章中の □ の（イ）〜（ニ）に当てはまる語句の組合せとして，**正しいもの**は次のうちどれか。

ただし，図中のイベント間の A〜G は作業内容，数字は作業日数を表す。

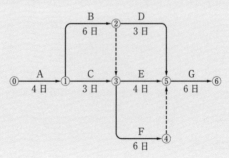

- ［ (イ) ］及び［ (ロ) ］は，クリティカルパス上の作業である。
- 作業Dが［ (ハ) ］遅延しても，全体の工期に影響はない。
- この工程全体の工期は，［ (ニ) ］である。

	（イ）	（ロ）	（ロ）	（ロ）
1.	作業B ………	作業F ………	3日 ………	22日間
2.	作業C ………	作業E ………	4日 ………	20日間
3.	作業C ………	作業E ………	3日 ………	20日間
4.	作業B ………	作業F ………	4日 ………	22日間

解答 1

解説 クリティカルパスとは，最も日数を要する最長経路のことであり，工期を決定する。各経路の所要日数は次の通りとなる。⓪→①→②→⑤→⑥＝4＋6＋3＋6＝19日，⓪→①→②→③→⑤→⑥＝4＋6＋0＋4＋6＝20日，⓪→①→②→③→④→⑤→⑥＝4＋6＋0＋6＋0＋6＝22日，⓪→①→③→⑤→⑥＝4＋3＋4＋6＝17日，⓪→①→③→④→⑤→⑥＝4＋3＋6＋0＋6＝19日である。すなわち，⓪→①→②→③→④→⑤→⑥がクリティカルパスで工期は22日であり，作業B及び作業Fはクリティカルパス上の作業である。また，作業Dの最早完了時刻は作業Aと作業Bと作業Dの作業日数を足した13日，最遅完了時刻は工期の22日から作業Gの作業日数を引いた16日であり，作業Dのトータルフロートは3日となるため，3日遅延しても全体の工期に影響はない。

01 品質管理・ヒストグラム

▶▶ パパっとまとめ

ヒストグラムが表す内容，ヒストグラムの見方を理解する。また度数分布の形から必要な品質管理について理解する。

品質管理

☐ ロットとは，同じ条件下で生産された品物の一定の数量をまとまりとした最小単位のことをいう。

☐ サンプルをある特性について測定した値をデータ値（測定値）という。

☐ 対象の母集団からその特性を調べるため一部取り出したものをサンプル（試料）という。

ヒストグラム

☐ ヒストグラムは，データの存在する範囲をいくつかの区間に分け，それぞれの区間に入るデータの数を度数として高さで表す。

☐ ヒストグラムは，横軸に測定値，縦軸に度数を示している。

☐ ヒストグラムは，測定値のバラツキを知るのに最も簡単で効率的な統計的手法である。 出る★★★

☐ ヒストグラムは，データがどのような分布をしているかを見やすく表した柱状図（棒グラフ）である。 出る★★★

☐ ヒストグラムは，ある品質で作られた製品の特性が，集団としてどのような状態にあるかが判定できる。

☐ バラツキの状態が安定の状態にあるとき，測定値の分布は正規分布になる。

□ 平均値が規格値の中央に見られ，左右対称なヒストグラムは良好な品質管理が行われている。

□ ヒストグラムの形状が度数分布の山が左右二つに分かれる場合は，工程に異常が起きていると考えられる。

□ 分布が統計的にどのような性質を持っているかを知る。

□ ヒストグラムからは，個々のデータの時間的変化や変動の様子はわからない。

ヒストグラムの見方（その1）

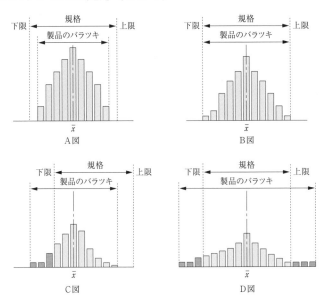

出典：平成27年度　2級土木施工管理技術検定学科試験試験問題 No. 57

□ A図は，製品のバラツキが規格に十分入っており，平均値も規格の中心と一致している。

□ B図は，製品のバラツキが規格の上限値，下限値と一致しており余裕がないので，バラツキを少なくする品質管理が必要である。

□ C 図は，製品のバラツキの平均値が下限側の左へずれすぎているので，**規格の中心に平均値をもってくる**と同時に，**バラツキを小さくする**。

□ D 図は，製品のバラツキが規格の上限値も下限値も外れており，バラツキを小さくするための**要因解析**と対策が必要である。

ヒストグラムの見方 (その2)

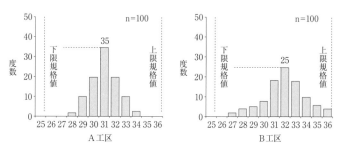

出典：令和3年度　2級土木施工管理技術検定第一次検定（前期）試験問題 No. 60

□ A 工区における測定値の総数は 100 で，B 工区における測定値の最大値は，36 である。

□ より良好な結果を示しているのは A 工区の方である。

品質管理活動における PDCA の手順 出る★★★

□ 品質特性の選定と，品質規格を決定する。**計画（Plan）**

□ 作業標準に基づき，作業を実施する。**実施（Do）**

□ 統計的手法により，解析・検討を行う。**検討（Check）**

□ 異常原因を追究し，除去する処置をとる。**改善（Action）**

例題 1　　　　　　　　　　　　　　　R4 前期【No. 60】改

　　品質管理に用いられるヒストグラムに関する下記の文章中の　　　　　の（イ）〜（ニ）に当てはまる語句の組合せとして，**適当なものは**

次のうちどれか。

- ヒストグラムは，測定値の (イ) を知るのに最も簡単で効率的な統計手法である。
- ヒストグラムは，データがどのような分布をしているかを見やすく表した (ロ) である。
- ヒストグラムでは，横軸に測定値，縦軸に (ハ) を示している。
- 平均値が規格値の中央に見られ，左右対称なヒストグラムは (ニ) いる。

	(イ)	(ロ)	(ハ)	(ニ)
1.	バラツキ …	折れ線グラフ …	平均値 …	作業に異常が起こって
2.	異常値 ……	柱状図 ………	平均値 …	良好な品質管理が行われて
3.	バラツキ …	柱状図 ………	度数 ……	良好な品質管理が行われて
4.	異常値 ……	折れ線グラフ …	度数 ……	作業に異常が起こって

解答 3

解説 ヒストグラムは，測定値のバラツキの状態を知ることができる統計的手法であり，横軸をいくつかのデータ範囲に分け，それぞれの範囲に入るデータの数を縦軸に度数として高さで表した柱状図（棒グラフ）である。平均値が規格値の中央に見られ，平均値から離れるほど度数が少なくなる左右対称のつり鐘型の正規分布を示すヒストグラムは良好な品質管理が行われている。

例題2

工事の品質管理活動における品質管理の PDCA（Plan, Do, Check, Action）に関する次の記述のうち，**適当でないもの**はどれか。

1. 第1段階（計画 Plan）では，品質特性の選定と品質規格を決定する。
2. 第2段階（実施 Do）では，作業日報に基づき，作業を実施する。
3. 第3段階（検討 Check）では，統計的手法により，解析・検討を行う。
4. 第4段階（処理 Action）では，異常原因を追究し，除去する処置をする。

解答 2

解説 2.の第2段階（実施 Do）では，作業標準に基づき，作業を実施する。作業日報は，1日の作業内容や作業員数，進捗状況等を記録・報告する書類である。

5

施工管理

02 管理図

▶▶ **ババっとまとめ**

$\bar{x} - R$管理図は，群分けしたデータの平均値$\bar{x}$の変動を管理する$\bar{x}$管理図と，そのバラツキの範囲Rの変化を管理するR管理図から成る。$\bar{x}$とRの計算方法と，$\bar{x} - R$管理図の見方を理解する。

$\bar{x} - R$管理図

□ $\bar{x} - R$管理図は，縦軸に管理の対象となるデータ，横軸にロット番号や製造時間などをとり，折れ線グラフで作成する。

□ $\bar{x}$管理図は，工程平均を各組ごとのデータの平均値によって管理する。

□ R管理図は，工程のバラツキを各組ごとのデータの最大・最小の差によって管理する。

□ $\bar{x} - R$管理図には，管理線として中心線及び上方管理限界（UCL）・下方管理限界（LCL）を記入する。

□ $\bar{x} - R$管理図は，統計的事実に基づき，バラツキの範囲の目安となる限界の線を決めて作った図表である。

□ $\bar{x} - R$管理図上に記入したデータが管理限界線の外に出た場合は，その工程に異常があることが疑われる。

□ 建設工事では，$\bar{x} - R$管理図を用いて，連続量として測定される計量値を扱うことが多い。

□ $\bar{x}$とRの計算

組番号	$x1$	$x2$	$x3$	$\bar{x}$	R
A組	22	29	24	25	7
B組	23	24	25	24	2
C組	28	26	30	28	4

管理図の見方

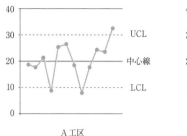

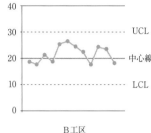

A工区   B工区

出典：令和3年度　2級土木施工管理技術検定第一次検定（後期）試験問題 No. 60

□ 管理図は，上下の管理限界を定めた図に必要なデータをプロットして作業工程の管理を行うものであり，A工区の上方管理限界は，30 である。

□ B工区では中心線より上方に記入されたデータの数が中心線より下方に記入されたデータの数よりも多い。

□ 品質管理について異常があると疑われるのは，A工区の方である（プロットが管理限界の外側にある）。

5

施工管理

管理図に関する下記の文章中の　　　　の（イ）～（ニ）に当てはまる語句又は数値の組合せとして，**適当なもの**は次のうちどれか。

・管理図は，いくつかある品質管理の手法の中で，応用範囲が（イ）便利で，最も多く活用されている。

・一般に，上下の管理限界の線は，統計量の標準偏差の（ロ）倍の幅に記入している。

・不良品の個数や事故の回数など個数で数えられるデータは，（ハ）と呼ばれている。

・管理限界内にあっても，測定値が（ニ）上下するときは工程に異常があると考える。

	（イ）	（ロ）	（ハ）	（ニ）
1.	広く	10	計数値	1度でも
2.	狭く	3	計量値	1度でも
3.	狭く	10	計量値	周期的に
4.	広く	3	計数値	周期的に

解答 4

解説 管理図は，いくつかある品質管理の手法の中で，応用範囲が広く便利で，建設工事では $\bar{x} - R$ 管理図が最も多く活用されている。

一般に，上下の管理限界の線は，統計量の標準偏差（σ）の3倍の幅に記入しており，測定値が平均値±3 σ 以内にあればユトリがあると判断される。

不良品の個数や事故の回数など個数で数えられるデータは，計数値と呼ばれており，重さや長さ，時間など連続量として測定されるデータは計量値と呼ばれている。

データが管理限界内にあっても，測定値が周期的に上下する等，並び方にクセがある場合は工程に異常があると考える。

03 盛土の締固めにおける品質管理

学習 /

▶▶ パパっとまとめ
　盛土の締固めの目的と，盛土の締固めにおける品質管理について理解する。特に品質規定方式と工法規定方式の違いを覚える。

盛土の締固めの目的

□ 締固めの目的は，土の空気間げきを少なくし透水性を低下させ，水の浸入による軟化・膨張を小さくし，土を安定した状態にすることである。出る★★★

□ 盛土の法面の安定や土の支持力増加など，必要な強度を得る。

□ 完成後の盛土自体の圧縮（圧密）沈下を抑える。

盛土の締固めにおける品質管理

□ 品質規定方式は，盛土の締固め度等を規定するもので，工法規定方式は，使用する締固め機械の機種や締固め回数，敷均し厚さ等を規定する方法である。出る★★★

□ 盛土が最もよく締まる含水比は，最大乾燥密度が得られる含水比で最適含水比である。出る★★★

□ 盛土の締固めの効果や性質は，土の種類や含水比，施工方法によって変化する。出る★★★

□ 現場での土の湿潤密度の測定方法には，その場ですぐに結果が得られる RI 計器による方法がある。

□ 土の乾燥密度の測定方法には，砂置換法や RI 計器による方法がある。

5

施工管理

例題

盛土の締固めの品質に関する次の記述のうち，**適当でないもの**はどれか。

1. 締固めの目的は，土の空気間げきを多くし，吸水による膨張を小さくし，土を安定した状態にすることである。

2. 締固めの品質規定方式は，盛土の締固め度などを規定する方法である。

3. 締固めの工法規定方式は，使用する締固め機械の機種や締固め回数，盛土材料の敷均し厚さなどを規定する方法である。

4. 最もよく締まる含水比は，最大乾燥密度が得られる含水比で最適含水比である。

解答 1

解説 1.の締固めの目的は，土の空気間げきを少なくし透水性を低下させ，水の浸入による軟化，膨張を小さくし，土を最も安定した状態にし，盛土完成後の圧密沈下などの変形を少なくすることである。2.の品質規定方式は，盛土に必要な品質を仕様書に明示し，締固め方法については施工者に委ねる方式で，締固め度や，空気間げき率，飽和度などで規定する。3.の工法規定方式は，盛土材料の土質，含水比があまり変化しない場合や，岩塊や玉石など品質規定方式が適用困難なとき，また経験の浅い施工業者に適している。4.は記述の通りである。

04 レディーミクスト コンクリートの品質管理

▶▶ パパっとまとめ

レディーミクストコンクリートの品質管理項目，許容差，また圧縮強度試験における基準値を覚える。

レディーミクストコンクリート（JIS A 5308）の品質管理

☐ 品質管理項目は，強度，スランプ又はスランプフロー，空気量，塩化物含有量である。出る ★★★

☐ レディーミクストコンクリートの品質検査は，荷卸し地点で行う。

☐ 塩化物含有量は，塩化物イオン量として原則 0.3kg/m³ 以下である。

スランプの許容差 出る ★★★

荷卸し地点でのスランプの許容差（単位：cm）

スランプ値	許容差
2.5	± 1
5 及び 6.5[1]	± 1.5
8 以上 18 以下	± 2.5
21	± 1.5[2]

※ 1 標準示方書では「5 以上 8 未満」
※ 2 呼び強度 27 以上で高性能 AE 減水剤を使用する場合は，± 2 とする。

空気量 出る ★★★

荷卸し地点での空気量及びその許容差 （単位：%）

コンクリートの種類	空気量	空気量の許容差
普通コンクリート	4.5	± 1.5
軽量コンクリート	5.0	
舗装コンクリート	4.5	
高強度コンクリート	4.5	

5

施工管理

231

圧縮強度試験

☐ 圧縮強度試験は，一般に材齢 28 日で行うが，購入者の指定した材齢で行うこともある。**出る★★★**

☐ 1 回の試験結果は，購入者が指定した呼び強度の強度値の 85% 以上でなければならない。**出る★★★**

☐ 3 回の試験結果の平均値は，購入者が指定した呼び強度の強度値以上でなければならない。**出る★★★**

☐ 圧縮強度試験は，スランプ，空気量が許容値以内に収まっている場合にも実施する。

例題 1　　　　　　　　　　　　　　　　　　　　R5 後期【No.51】

　レディーミクストコンクリート（JIS A 5308）の受入れ検査と合格判定に関する次の記述のうち，**適当でないもの**はどれか。

1.　圧縮強度の 1 回の試験結果は，購入者の指定した呼び強度の強度値の 85% 以上である。
2.　空気量 4.5% のコンクリートの空気量の許容差は，± 2.0% である。
3.　スランプ 12cm のコンクリートのスランプの許容差は ± 2.5cm である。
4.　塩化物含有量は，塩化物イオン量として原則 0.3kg/m³ 以下である。

解答 2

解説 レディーミクストコンクリートの品質に関しては，JIS A 5308: 2019 5 品質に規定されている。1. の圧縮強度試験は 5.2 より，強度試験における供試体の材齢は，呼び強度を保証する材齢の指定がない場合は 28 日，指定がある場合は購入者が指定した材齢とする。1）1 回の試験結果は，購入者が指定した呼び強度の強度値の 85% 以上でなければならない。2）3 回の試験結果の平均値は，購入者が指定した呼び強度の強度値以上でなければならない。よって適当である。2. の空気量は 5.5 により，4.5% のコンクリートの空気量の許容差は，± 1.5% である。よって適当でない。3. のスランプは 5.3 より，

8以上18以下のコンクリートのスランプの許容差は±2.5cmである。よって適当である。4.の塩化物含有量は5.6より，塩化物イオン（Cl⁻）量として0.30kg/m³以下とする。また，購入者の承認を受けた場合には，0.60kg/m³以下とすることができる。よって適当である。

例題2　　　　　　　　　　　　　　　　　　　R3前期【No. 51】改

　レディーミクストコンクリート（JIS A 5308）の品質管理に関する次の記述のうち，**適当でないもの**はどれか。
1.　レディーミクストコンクリートの品質の検査は，すべて工場出荷時に行う。
2.　圧縮強度試験は，一般に材齢28日で行うが，購入者の指定した材齢で行うこともある。
3.　品質管理の項目は，強度，スランプ，空気量，塩化物含有量である。

解答 1

解説 1.はJIS A 5308 5品質 5.1品質項目に「レディーミクストコンクリートの品質項目は，強度，スランプ又はスランプフロー，空気量，及び塩化物含有量とし，荷卸し地点において，条件を満足しなければならない」と規定されている。2.は同5.2強度により正しい。3.は同5.1により正しい。

5

施工管理

05 土木工事の品質管理

▶▶ **パパッとまとめ**

土工，アスファルト舗装工，コンクリート工の品質管理における「工種・品質特性」とその「試験方法」との組合せを覚える。

土工の品質管理における
「工種・品質特性」とその「試験方法」との組合せ

[工種・品質特性] [試験方法]

☐ 盛土の締固め度 ……………… RI 計器による乾燥密度測定

砂置換法による土の密度試験

☐ 最適含水比 …………………… 突固めによる土の締固め試験

☐ 土の支持力値 ………………… 平板載荷試験

☐ 材料の粒度 …………………… ふるい分け試験

☐ 路床の強さの判定 …………… CBR 試験

アスファルト舗装工の品質管理における
「工種・品質特性」とその「試験方法」との組合せ

[工種・品質特性] [試験方法]

☐ 加熱アスファルト混合物の安定度

………………………………… マーシャル安定度試験 **出る★★★**

☐ 針入度 ………………………… 針入度試験

☐ アスファルト合材の粒度 …… アスファルト抽出試験

☐ アスファルト舗装の厚さ …… コア採取による測定

☐ アスファルト舗装の平坦性 … 3m プロフィルメータによる測定

路面性状測定車による測定

コンクリート工の品質管理における
「工種・品質特性」とその「試験方法」との組合せ

[工種・品質特性]	[試験方法]
□ コンクリート用骨材の粒度 …………	ふるい分け試験 **出る** ★ ★ ★
□ スランプ ………………………………	スランプ試験
□ フレッシュコンクリートの空気量 …	空気量試験

例題

R3 後期【No. 50】

建設工事の品質管理における「工種」・「品質特性」とその「試験方法」との組合せとして，**適当でないもの**は次のうちどれか。

[工種]・[品質特性]　　　　　　[試験方法]
1. 土工・最適含水比 ……………… 突固めによる土の締固め試験
2. 路盤工・材料の粒度 …………… ふるい分け試験
3. コンクリート工・スランプ …… スランプ試験
4. アスファルト舗装工・安定度 … 平板載荷試験

解答 4

解説 1.と2.と3.は組合せの通りである。4.のアスファルト舗装工・安定度は，マーシャル安定度試験により測定する。平板載荷試験は，路盤や路床の支持力を評価する試験である。

5

施工管理

特定元方事業者等の 講ずべき措置

▶▶ パパっとまとめ

複数の事業者が混在する事業場の安全衛生管理体制については，労働安全衛生法第30条に規定されている。特定元方事業者の講ずべき措置を理解する。

用語

□ 事業者のうち，一つの場所で行う事業で，その一部を請負人に請け負わせている者を元方事業者という。

□ 元方事業者のうち，建設業等の事業を行う者を特定元方事業者という。

特定元方事業者等の講ずべき措置

□ 労働災害を防止するため，特定元方事業者及びすべての関係請負人が参加する協議組織の設置や運営を行う。(第30条第1項第1号及び規則第635条第1項第1号) 出る★★★

□ 作業間の連絡及び調整を行う。(第30条第1項第2号)

□ 作業場所の巡視は，毎作業日に少なくとも1回行う。(第3号及び規則第637条第1項) 出る★★★

□ 関係請負人が行う労働者の安全又は衛生のための教育に対する指導及び援助については，教育の場所や使用する資料の提供等を行う。(第4号及び規則第638条)

例題

　複数の事業者が混在している事業場の安全衛生管理体制に関する下記の文章中の　　　　の（イ）～（ニ）に当てはまる語句の組合せとして，労働安全衛生法上，**正しいもの**は次のうちどれか。

・事業者のうち，一つの場所で行う事業で，その一部を請負人に請け負わせている者を　(イ)　という。

・　(イ)　のうち，建設業等の事業を行う者を　(ロ)　という。

・　(ロ)　は，労働災害を防止するため，　(ハ)　の運営や作業場所の巡視は　(ニ)　に行う。

	（イ）	（ロ）	（ハ）	（ニ）
1.	元方事業者 ………	特定元方事業者 …	技能講習 …	毎週作業開始日
2.	特定元方事業者 …	元方事業者 ………	協議組織 …	毎作業日
3.	特定元方事業者 …	元方事業者 ………	技能講習 …	毎週作業開始日
4.	元方事業者 ………	特定元方事業者 …	協議組織 …	毎作業日

解答 4

解説 事業者のうち，一つの場所で行う事業で，その一部を請負人に請け負わせている者を**元方事業者**といい，元方事業者のうち，建設業等の事業を行う者を**特定元方事業者**という。**特定元方事業者**は，労働災害を防止するため，**協議組織**の運営や作業場所の巡視は**毎作業日**に行う。
（労働安全衛生法第 30 条第 1 項第 1 号及び第 3 号）

5

施工管理

02 労働災害・公衆災害の防止

▶▶ **パパっとまとめ**

労働災害の防止に関しては，労働安全衛生法や関連法令，指針，厚生労働省労働基準局長通達等に示されている。また，公衆災害の防止対策については建設工事公衆災害防止対策要綱に示されている。保護帽，安全ネット，保護具等の使用，熱中症対策及び公衆災害の防止に関する留意事項を理解する。

保護帽

□ 頭によくあったものを使用し，あごひもは必ず正しく締める。

□ 見やすい箇所に**製造者名，製造年月日**等が表示されているものを使用する。

□ 一度でも大きな衝撃を受けたものは，外観に損傷がなくても使用しない。

□ 改造あるいは加工したり，部品を取り除いたりしてはならない。

□ 規格検定合格ラベルの貼付けを確認し使用する。

安全ネット

□ 紫外線，油，有害ガスなどのない乾燥した場所に保管する。

□ 人体またはこれと同等以上の重さを有する落下物による衝撃を受けたものを使用しない。

□ 網目の大きさはその辺の長さが 10cm 以下とする。

□ 材料は，合成繊維とする。

保護具

□ 要求性能墜落制止用器具に使用するフックは，できるだけ高い位置に取り付ける。

- [ ] 胴ベルト型要求性能墜落制止用器具は，できるだけ腰骨の近くで，ずれが生じないよう確実に装着する。

- [ ] 酸素欠乏危険作業で転落のおそれがある場所では，親綱を設置し要求性能墜落制止用器具を使用しなければならない。

- [ ] ゴンドラの作業床における作業では，労働者に要求性能墜落制止用器具その他の命綱を使用させなければならない。

- [ ] 建設現場で用いられる刈払機（草刈機）を用いて作業を行う場合には，保護眼鏡などの保護具を用いて作業する。

- [ ] 高さ2m以上に積み上げられた土のうの上での作業では，保護帽を着用しなければならない。

熱中症対策

- [ ] 高温多湿作業場所の作業を連続して行う時間を短縮する。

- [ ] 労働者にあらかじめ熱中症予防方法等の労働衛生教育を行う。

- [ ] 労働者の脱水症を防止するため，水分及び塩分の作業前後の摂取及び作業中の定期的な摂取を指導する。

- [ ] 作業開始前に労働者の健康状態を確認する。

公衆災害防止

- [ ] **作業場の区分**：やむを得ず道路上に材料又は機械類を置く場合は，作業場を周囲から明確に区分し，公衆が誤って立ち入らないように固定さく等工作物を設置する。（第10第1項及び第2項）

- [ ] **遠方よりの工事箇所の確認**：工事を予告する道路標識，標示板等を，工事箇所の前方50mから500mの間の路側又は中央帯のうち視認しやすい箇所に設置する。（建設工事公衆災害防止対策要綱第19第3項）

□ **まわり道**：一般の交通を迂回させる場合は，道路管理者及び所轄警察署長の指示に従い，まわり道の入り口及び要所に運転者又は通行者に見やすい案内用標示板等を設置する。（第21）

□ **車道幅員**：一般の交通を制限した後の道路の車線が1車線で往復の**交互交通**となる場合は，制限区間はできるだけ短くし，必要に応じて**交通誘導員**等を配置する。（第23第2号）

例題 1

保護帽の使用に関する次の記述のうち，**適当でないもの**はどれか。
1. 保護帽は，頭によくあったものを使用し，あごひもは必ず正しく締める。
2. 保護帽は，見やすい箇所に製造者名，製造年月日等が表示されているものを使用する。
3. 保護帽は，大きな衝撃を受けた場合でも，外観に損傷がなければ使用できる。
4. 保護帽は，改造あるいは加工したり，部品を取り除いてはならない。

解答 3

解説 1. は記述の通りである。2. の保護帽は，労働安全衛生法第42条の規定に基づく厚生労働省告示「保護帽の規格」第9条（表示）により正しい。3. の保護帽は，一度でも大きな衝撃を受けたものは，外観に損傷がなくても使用しない。4. の保護帽は，各部品の全体のバランスで性能を発揮できるように設計されているため，改造したり部品を取り除いたりしてはならない。

例題2

　墜落による危険を防止する安全ネットに関する次の記述のうち，**適当でないもの**はどれか。

1. 安全ネットは，紫外線，油，有害ガスなどのない乾燥した場所に保管する。
2. 安全ネットは，人体又はこれと同等以上の重さを有する落下物による衝撃を受けたものを使用しない。
3. 安全ネットは，網目の大きさに規定はない。
4. 安全ネットの材料は，合成繊維とする。

解答 3

解説 1.は労働安全衛生法第28条に基づく「墜落による危険を防止するためのネットの構造等の安全基準に関する技術上の指針」4-5（保管）4-5-2により正しい。2.は同指針4-6（使用制限）（2）により正しい。3.は同指針2-3（網目）に「網目は，その辺の長さが10cm以下とすること」と規定されている。4.は同指針2-2（材料）により正しい。

5

施工管理

03 車両系建設機械の安全確保

▶▶ **パパっとまとめ**

　車両系建設機械を用いた作業の安全確保に関しては，労働安全衛生規則に規定されている。車両系建設機械を用いて作業を行うときに必要な安全措置等を覚える。

車両系建設機械の保安装置

☐ 車両系建設機械には，原則として前照灯を備えなければならない。（第152条）

☐ 岩石の落下等により労働者に危険が生ずるおそれのある場所で作業を行う場合は，堅固なヘッドガードを装備した機械を使用させなければならない。（第153条）

車両系建設機械による作業の安全確保

☐ 車両系建設機械を用いて作業を行うときは，あらかじめ，地形や地質の状態の調査により知り得たところに適応する作業計画を定める。（第155条）

☐ 車両系建設機械の運転者は，地形，地質の状態等に応じた制限速度をこえて車両系建設機械を運転してはならない。（第156条第1項）

☐ 転倒や転落により運転者に危険が生ずるおそれのある場所では，転倒時保護構造を有し，かつ，シートベルトを備えた機種以外を使用しないように努めなければならない。（第157条の2）**出る★★★**

□ 車両系建設機械に接触することにより労働者に危険が生ずる
おそれのある箇所には，原則として労働者を立ち入れさせては
ならない。(第158条第1項)

□ 運転について誘導者を置くときは，一定の合図を定めて合図さ
せ，運転者はその合図に従わなければならない。(第159条)

□ 運転者は，運転位置を離れるときは，バケット等の作業装置を
地上に下ろし，原動機を止め，かつ，走行ブレーキをかける。
(第160条第1項第2号)

出る★★★

□ 車両系建設機械を用いて作業を行なうときは，乗車席以外の箇
所に労働者を乗せてはならない。(第162条)

修理・点検

□ 機械の修理やアタッチメントの装着や取り外しを行う場合は，
作業指揮者を定め，作業手順を決めさせるとともに，作業の指
揮等を行わせなければならない。(第165条及び第1号)

□ ブームやアームを上げ，その下で修理等の作業を行う場合は，
不意に降下することによる危険を防止するため，当該作業に従
事する労働者に安全支柱や安全ブロック等を使用させなけれ
ばならない。(第166条第1項)

□ 事業者は，車両系建設機械については，一年以内ごとに一回，
定期に，自主検査を行わなければならない。(第167条)

□ 車両系建設機械を用いて作業を行なうときは，その日の作業を
開始する前にブレーキやクラッチの機能について点検する。
(第170条)

車両系建設機械の災害防止に関する下記の文章中の [   ] の（イ）
～（ニ）に当てはまる語句の組合せとして，労働安全衛生規則上，**正
しいもの**は次のうちどれか。

・運転者は，運転位置を離れるときは，原動機を止め，[（イ）] 走行ブ
　レーキをかける。

・転倒や転落のおそれがある場所では，転倒時保護構造を有し，か
　つ，[（ロ）] を備えた機種の使用に努める。

・[（ハ）] 以外の箇所に労働者を乗せてはならない。

・[（ニ）] にブレーキやクラッチの機能について点検する。

	（イ）	（ロ）	（ハ）	（ニ）
1.	または	安全ブロック	助手席	作業の前日
2.	または	シートベルト	乗車席	作業の前日
3.	かつ	シートベルト	乗車席	その日の作業開始前
4.	かつ	安全ブロック	助手席	その日の作業開始前

解答 3

解説 労働安全衛生規則より，設問文は次の通りとなる。
・運転者は，車両系建設機械の運転位置から離れるときは，原動機を
　止め，かつ，走行ブレーキをかける。（第160条第1項第2号）
・転倒や転落のおそれのある場所では，転倒時保護構造を有し，かつ，
　シートベルトを備えた機種の使用に努める。（第157条の2）
・**乗車席**以外の箇所に労働者を乗せてはならない。（第162条）
・**その日の作業を開始する前**に，ブレーキ及びクラッチの機能につい
　て点検する。（第170条）

04 移動式クレーンを用いた作業

▶▶ **パパっとまとめ**

移動式クレーンを用いた作業の安全確保に関しては，クレーン等安全規則に規定されている。移動式クレーンを用いて作業を行うときに必要な安全措置等を覚える。

定格荷重等

☐ 定格荷重とは，フック等の吊具の重量を**含まない**最大つり上げ荷重である。(第1条第6号)

☐ 定格総荷重とは，**ジブの長さや角度**に応じてつり上げられる**荷重**に，**吊具の重量**も加えた荷重をいう。

☐ 移動式クレーンにその**定格荷重**をこえる荷重をかけて使用してはならない。(第69条)

☐ 事業者は，移動式クレーンの運転者及び**玉掛け者**が定格荷重を常時知ることができるよう，**表示**等の措置を講じなければならない。(第70条の2)

移動式クレーンを用いた作業における安全確保

☐ 移動式クレーンの運転は，小型の機種（つり上げ荷重が1t未満）の場合でも安全のための**特別の教育**を受けなければならない。(第67条第1項)

☐ **軟弱地盤**のような移動式クレーンが転倒するおそれのある場所では，原則として作業を行ってはならない。(第70条の3)

☐ **アウトリガー**又は拡幅式のクローラは，原則として**最大限**に張り出さなければならない。(第70条の5)

□ 移動式クレーンを用いて作業を行なうときは，移動式クレーンの運転について一定の合図を定め，合図を行なう者を指名して，その者に合図を行なわせなければならない。(第71条第1項)

□ 強風のため，移動式クレーンに係る作業の実施について危険が予想されるときは，当該作業を中止しなければならない。(第74条の3) 出る★★★

□ クレーンの運転者を，荷をつったままの状態で運転位置から離れさせてはならない。(第75条第1項) 出る★★★

□ 移動式クレーンのワイヤロープは，著しい形くずれや腐食又はキンクのあるものは使用しない。(第77条第1項第2項及び第80条)

例題1　　　　　　　　　　　　　　　　R3 前期【No. 59】

　移動式クレーンを用いた作業において，事業者が行うべき事項に関する下記の文章中の　　　　の (イ) ～ (ニ) に当てはまる語句の組合せとして，クレーン等安全規則上，**正しいもの**は次のうちどれか。
・移動式クレーンに，その (イ) をこえる荷重をかけて使用してはならず，また強風のため作業に危険が予想されるときには，当該作業を (ロ) しなければならない。
・移動式クレーンの運転者を荷をつったままで (ハ) から離れさせてはならない。
・移動式クレーンの作業においては， (ニ) を指名しなければならない。

	(イ)	(ロ)	(ハ)	(ニ)
1.	定格荷重	注意して実施	運転位置	監視員
2.	定格荷重	中止	運転位置	合図者
3.	最大荷重	注意して実施	旋回範囲	合図者
4.	最大荷重	中止	旋回範囲	監視員

解答 2

解説 クレーン等安全規則より，設問文は次の通りとなる。

・移動式クレーンに，その定格荷重をこえる荷重をかけて使用してはならず，また強風のため作業に危険が予想されるときには，当該作業を中止しなければならない。（第69条及び第74条の3）

・移動式クレーンの運転者を荷をつったままで運転位置から離れさせてはならない。（第75条第1項）

・移動式クレーンの作業においては，合図を行なう者を指名しなければならない。（第71条第1項）

例題2

移動式クレーンを用いた作業において，事業者が行うべき事項に関する次の記述のうち，クレーン等安全規則上，**誤っているもの**はどれか。

1. 運転者や玉掛け者が，つり荷の重心を常時知ることができるよう，表示しなければならない。

2. 軟弱地盤のような移動式クレーンが転倒するおそれのある場所では，原則として作業を行ってはならない。

3. アウトリガー又は拡幅式のクローラは，原則として最大限に張り出さなければならない。

解答 1

解説 1.はクレーン等安全規則第70条の2に「事業者は，クレーンを用いて作業を行うときは，クレーンの運転者及び玉掛けをする者が当該クレーンの定格荷重を常時知ることができるよう，表示その他の措置を講じなければならない」と規定されている 2.は第70条の3により正しい。3.は第70条の5により正しい。

5

施工管理

247

型枠支保工の組立て作業

▶▶ **ババっとまとめ**
　労働安全衛生規則において規定されている，型枠支保工の組立て作業における安全措置等について理解する。

材料・組立て

☐ 型枠支保工に使用する材料は，著しい損傷，変形又は腐食があるものは，**使用してはならない**。(第237条)

☐ 型枠支保工は，型枠の形状，コンクリートの打設の方法等に応じた**堅固な構造**のものでなければならない。(第239条)

☐ 型枠支保工を組み立てるときは，**組立図**を作成し，かつ，この**組立図**により組み立てなければならない。(第240条第1項)

☐ 型枠支保工の支柱の脚部の**滑動**を防止するため，脚部の**固定**や**根がらみ**の取付け等の措置を講じること。(第242条第2項)

☐ 型枠支保工の**支柱の継手**は，**突合せ継手又は差込み継手**としなければならない。(第3号)

☐ 鋼管（単管パイプ）を**支柱**とする場合は，高さ**2m以内**ごとに水平つなぎを2方向に設け，水平つなぎの**変位**を防止する。(第6号イ)

☐ パイプサポートを**支柱**として用いる場合は，パイプサポートを**3以上継いで用いない**。(第7号及び同号イ)

組立て作業における安全確保

☐ 強風，大雨，大雪等の悪天候のため，作業の実施について危険が予想されるときは，当該作業に労働者を従事させない。（第245条第2号）

☐ 型枠支保工の組立て作業において，材料や工具の上げ下ろしをするときは，つり綱やつり袋等を労働者に使用させること。（第3号）

☐ 型枠支保工の組立て等作業主任者は，作業の方法を決定し，作業を直接指揮しなければならない。（第247条第1号）

コンクリートの打設作業

☐ コンクリートの打設を行うときは，その日の作業を開始する前に，型枠支保工について点検しなければならない。（第244条第1項第1号）

☐ コンクリート打込み作業を行う場合は，型枠支保工に異常が認められた際の作業中止のための措置を，あらかじめ講じておくこと。（第2項）

例題 1

R2 後期【No. 52】

型枠支保工に関する次の記述のうち，労働安全衛生法上，**誤っているもの**はどれか。

1. 型枠支保工を組み立てるときは，組立図を作成し，かつ，この組立図により組み立てなければならない。
2. 型枠支保工は，型枠の形状，コンクリートの打設の方法等に応じた堅固な構造のものでなければならない。
3. 型枠支保工の組立て等の作業で，悪天候により作業の実施について危険が予想されるときは，監視員を配置しなければならない。
4. 型枠支保工の組立て等作業主任者は，作業の方法を決定し，作業を直接指揮しなければならない。

3

1.は労働安全衛生規則第240条第1項により正しい。2.は第239条により正しい。3.は第245条第2号に「強風，大雨，大雪等の悪天候のため，作業の実施について危険が予想されるときは，当該作業に労働者を従事させないこと」と規定されている。4.は第247条第1号により正しい。

例題2　　　　　　　　　　　　　　　　　　　H30後期【No. 52】改

　　型枠支保工に関する次の記述のうち，労働安全衛生法上，**誤っているもの**はどれか。
1.　コンクリートの打設を行うときは，作業の前日までに型わく支保工について点検しなければならない。
2.　型枠支保工に使用する材料は，著しい損傷，変形又は腐食があるものを使用してはならない。
3.　型枠支保工の支柱の継手は，突合せ継手又は差込み継手としなければならない。
4.　型枠支保工の組立て作業において，材料や工具の上げ下ろしをするときは，つり網やつり袋等を労働者に使用させること。

1

1.は労働安全衛生規則第244条第1項第1号に「その日の作業を開始する前に，当該作業に係る型わく支保工について点検し，異状を認めたときは，補修すること」と規定されている。2.は第237条により正しい。3.は第242条第3号により正しい。4.は第245条第3項により正しい。

06 足場の組立て作業

▶▶ **パパっとまとめ**

労働安全衛生規則において規定されている，足場の各部の数値を覚える。また，足場の組立て作業における安全措置等について理解する。

作業床の設置等

☐ 作業床の端，開口部には，必要な強度の囲い，手すり，覆いを設置する。(第519条第1項)

☐ 囲い等の設置が困難な場合は，安全確保のため防網（安全ネット）を設置し，要求性能墜落制止用器具を使用させる等の措置を講ずる。(第2項)

高さ2m以上の足場（一側足場及びつり足場を除く）の作業床

☐ 足場の作業床の手すりの高さは，**85cm以上**とする。(第552条第1項第4号イ) 出る★★★

☐ 足場の作業床の幅は，**40cm以上**とする。(第563条第1項第2号イ) 出る★★★

☐ 足場の床材間の隙間は，**3cm以下**とする。(第2号ロ) 出る★★★

☐ 足場は，床材と建地との隙間を**12cm未満**とする。(第2号ハ)

☐ 足場の作業床の手すりには，**中さん**を設置する。(第3号ロ)

☐ 足場の床材が転位し脱落しないように取り付ける支持物の数は，**2つ以上**とする。(第5号) 出る★★

☐ 足場の作業床より物体の落下を防ぐ幅木の高さは，**10cm以上**とする。(第6号) 出る★★★

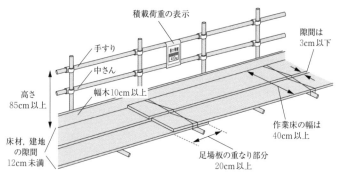

積載荷重の表示

手すり

中さん

幅木10cm以上

高さ 85cm以上

床材，建地 の隙間 12cm未満

隙間は 3cm以下

作業床の幅は 40cm以上

足場板の重なり部分 20cm以上

高さ2m以上の足場（一側足場及びつり足場を除く）の作業床

足場の組立て等の作業における事業者が行うべき事項

☐ 組立て，解体又は変更の**時期，範囲**及び**順序**を当該作業に従事する労働者に周知させること。(第564条第1項第1号)

☐ 組立て，解体又は変更の作業を行う区域内のうち特に危険な区域内を除き，関係労働者以外の労働者の**立入りを禁止**する。(第2号)

☐ 労働者に**要求性能墜落制止用器具**を使用させる等労働者の墜落による危険を防止するための措置を講ずること。(第4号ロ)

☐ 足場（つり足場を除く）における作業を行うときは，**その日の作業を開始**する前に，作業を行う箇所に設けた設備の取りはずし及び脱落の有無について**点検**し，**異常**を認めたときは，直ちに補修しなければならない。(第567条第1項)

　高さ 2m 以上の足場（つり足場を除く）の安全に関する下記の文章中の ☐ の（イ）～（ニ）に当てはまる数値の組合せとして，労働安全衛生法上，**正しいもの**は次のうちどれか。

・足場の作業床の手すりの高さは，☐(イ)☐ cm 以上とする。

・足場の作業床の幅は，☐(ロ)☐ cm 以上とする。

・足場の床材間の隙間は，☐(ハ)☐ cm 以下とする。

・足場の作業床より物体の落下を防ぐ幅木の高さは，☐(ニ)☐ cm 以上とする。

	（イ）		（ロ）		（ハ）		（ニ）
1.	75	………	30	………	5	………	10
2.	75	………	40	………	5	………	5
3.	85	………	30	………	3	………	5
4.	85	………	40	………	3	………	10

解答 4

解説 労働安全衛生規則より，設問文は次の通りとなる。

　・足場の作業床の手すりの高さは，85cm 以上とする。(第 552 条第 1 項第 4 号イ)

　・足場の作業床の幅は，40cm 以上とする。(第 563 条第 1 項第 2 号イ)

　・足場の床材間の隙間は，3cm 以下とする。(第 2 号ロ)

　・足場の作業床より物体の落下を防ぐ幅木の高さは，10cm 以上とする。(第 6 号)

5

施工管理

07 地山の掘削作業

▶▶ **パパっとまとめ**

地山の掘削作業に関する安全対策は，労働安全衛生規則に規定されている。地山の崩壊等による危険の防止，埋設物等による危険の防止，運搬機械，掘削機械の使用による安全対策について理解する。

明り掘削の作業（労働安全衛生規則）

☐ 地山の崩壊，埋設物等の損壊等により労働者に危険を及ぼすおそれのあるときは，あらかじめ，作業箇所及びその周辺の地山について調査を行う。（第 355 条）

☐ 岩盤又は堅い粘土からなる地山の掘削において，掘削面の高さを 5m 未満で行う場合に応じた掘削面のこう配の基準は，90 度以下である。（第 356 条）

☐ 手掘りにより砂からなる地山の掘削の作業を行なうときは，掘削面のこう配を 35 度以下とし，又は掘削面の高さを 5m 未満とする。（第 357 条第 1 項）

☐ 発破等により崩壊しやすい状態になっている地山の掘削の作業を行なうときは，掘削面のこう配を 45 度以下とし，又は掘削面の高さを 2m 未満とする。（第 2 号）

☐ 地山の崩壊又は土石の落下による労働者の危険を防止するため，点検者を指名し，作業箇所等について，その日の作業を開始する前に点検させる。（第 358 条）**出る** ★ ★ ★

☐ 掘削面の高さが 2m 以上の場合は，地山の掘削及び土止め支保工作業主任者技能講習を修了した者のうちから，地山の掘削作業主任者を選任する。（第 359 条）**出る** ★ ★ ★

□ 掘削面の高さが 2m 以上の場合は，**地山の掘削作業主任者**に地山の作業方法を決定させ，作業を直接指揮させる。（第 360 条第 1 号）**出る★★★**

□ 地山の**崩壊**等又は土石の**落下**により労働者に危険を及ぼすおそれのあるときは，あらかじめ，**土止め支保工**を設け，**防護網**を張り，**労働者**の立入りを禁止する等の措置を講じる。（第 361 条）

□ 地山の崩壊，**埋設物**等の損壊等により労働者に危険を及ぼすおそれのあるときは，危険防止のための措置を講じた後でなければ，作業を行なってはならない。（第 362 条第 1 項）

□ 掘削により露出した**ガス導管**のつり防護や受け防護の作業については，当該作業を**指揮**する者を指名して，その者の指揮のもとに当該作業を行なう。（第 2 項及び第 3 項）

□ 明り掘削作業では，あらかじめ運搬機械等の**運行の経路**や土石の積卸し場所への**出入り**の方法を定めて，**関係労働者**に周知させる。（第 364 条）

□ 運搬機械等が労働者の作業箇所に**後進**して接近するとき，又は**転落**するおそれのあるときは，**誘導者**を配置し，その者にこれらの機械を**誘導**させる。（第 365 条第 1 項）

□ 明り掘削の作業を行うときは，物体の**飛来**又は**落下**による危険を防止するため，**保護帽**を着用する。（第 366 条第 2 項）

□ 明り掘削の作業を行う場所は，当該作業を安全に行うため必要な照度を保持しなければならない。（第 367 条）**出る★★★**

土止め支保工（労働安全衛生規則）

□ 事業者は，土止め支保工を組み立てるときは，あらかじめ，組立図を作成し，かつ，当該組立図により組み立てなければならない。（第370条）

地山の掘削作業の安全確保に関する次の記述のうち，労働安全衛生法上，事業者が行うべき事項として**誤っているもの**はどれか。

1. 掘削面の高さが規定の高さ以上の場合は，地山の掘削及び土止め支保工作業主任者技能講習を修了した者のうちから，地山の掘削作業主任者を選任する。
2. 地山の崩壊等により労働者に危険を及ぼすおそれのあるときは，あらかじめ，土止め支保工を設け，防護網を張り，労働者の立入りを禁止する等の措置を講じる。
3. 運搬機械等が労働者の作業箇所に後進して接近するときは，点検者を配置し，その者にこれらの機械を誘導させる。
4. 明り掘削の作業を行う場所は，当該作業を安全に行うため必要な照度を保持しなければならない。

解答 3

解説 1. は労働安全衛生規則第359条により正しい。2. は第361条により正しい。3. は第365条第1項に「事業者は，明り掘削の作業を行なう場合において，運搬機械等が，労働者の作業箇所に後進して接近するとき，又は転落するおそれのあるときは，**誘導者を配置し，その者にこれらの機械を誘導させなければならない**」と規定されている。4. は第367条により正しい。

08 コンクリート造の工作物の 解体作業

▶▶ パパっとまとめ

コンクリート造の工作物の解体作業において,労働安全衛生規則に規定されている事業者が行うべき事項と,コンクリート造の工作物の解体等作業主任者が行うべき事項を理解する。

事業者が実施しなければならない事項

☐ コンクリート塊等の落下のおそれのある場所で解体用機械を使用するときは,堅固な**ヘッドガード**を備えた機種を選ぶ。(第153条)

☐ 解体用機械の運転者が**運転位置を離れる**際は,ブレーカ等の作業装置を地上に**下ろす**。(第160条第1項第1号)

☐ 解体用機械を用いて作業を行うときは,物体の**飛来**等により労働者に危険が生ずるおそれのある箇所に,**運転者以外の労働者**を立ち入らせてはならない。(第171条の6第1号) 出る★★★

☐ 工作物の倒壊,物体の**飛来**又は落下等による労働者の危険を防止するため,あらかじめ当該工作物の形状等を**調査**し,**作業計画**を定め,これにより作業を行わなければならない。(第517条の14第1項)

☐ **作業計画**には,作業の方法及び順序,使用する機械等の種類及び能力等を示す。(第2項第1号,第2号) 出る★★★

☐ **作業計画**を定めたときは,作業の方法及び順序,**控えの設置**,**立入禁止区域の設定**などの危険を防止するための方法について関係労働者に周知する。(第3項)

5 施工管理

☐ 解体作業を行う区域内には，関係労働者以外の労働者の立ち入りを禁止する。(第517条の15第1号) 出る ★★★

☐ 強風，大雨，大雪等の悪天候のため，作業の実施について危険が予想されるときは，当該作業を中止しなければならない。(第2号) 出る ★★★

☐ 器具，工具等を上げ，又は下ろすときは，つり綱，つり袋等を労働者に使用させなければならない。(第3号) 出る ★★★

☐ 外壁，柱等の引倒し等の作業を行うときは，引倒し等について一定の合図を定め，関係労働者に周知させなければならない。(第517条の16第1項) 出る ★★★

☐ 作業主任者を選任するときは，コンクリート造の工作物の解体等作業主任者技能講習を修了した者のうちから選任する。(第517条の17)

☐ 物体の飛来又は落下による労働者の危険を防止するため，当該労働者に保護帽を着用させる。同規則 (第517条の19)

☐ 粉じんの発生が予想される解体作業では，関係労働者の保護眼鏡や呼吸用保護具等を備えなければならない。(第593条)

コンクリート造の工作物の解体等作業主任者の職務

☐ 作業の方法及び労働者の配置を決定し，作業を直接指揮すること。(第517条の18第1号) 出る ★★★

☐ 器具，工具，要求性能墜落制止用器具等及び保護帽の機能を点検し，不良品を取り除くこと。(第2号)

☐ 要求性能墜落制止用器具等及び保護帽の使用状況を監視すること。(第3号)

　高さ5m 以上のコンクリート造の工作物の解体作業にともなう危険を防止するために事業者が行うべき事項に関する次の記述のうち，労働安全衛生法上，**誤っているもの**はどれか。

1. 作業方法及び労働者の配置を決定し，作業を直接指揮する。
2. 強風，大雨，大雪等の悪天候のため，作業の実施について危険が予想されるときは，当該作業を中止しなければならない。
3. 器具，工具等を上げ，又は下ろすときは，つり綱，つり袋等を労働者に使用させる。
4. 外壁，柱等の引倒し等の作業を行うときは，引倒し等について一定の合図を定め，関係労働者に周知させなければならない。

解答 1

解説 1.は労働安全衛生規則第517条の18第1号より，作業方法及び労働者の配置を決定し，作業を直接指揮するのは，**コンクリート造の工作物の解体等作業主任者**である。2.は第517条の15第2号により正しい。3.は同条第3号により正しい。4.は第517条の16第1項により正しい。

5

施工管理

01 環境保全対策, 騒音・振動対策

▶▶ **パパっとまとめ**

建設工事が地域住民の生活環境に与える影響と,環境保全対策方法について理解する。また,建設工事に伴う騒音・振動の発生原因と対策方法についても理解する。

建設工事における環境保全対策

☐ 建設公害の要因別分類では,掘削工,運搬・交通,杭打ち・杭抜き工,排水工の苦情が多い。

☐ 工事に伴う沿道交通への影響について,事前に十分調査する。

☐ 施工にあたり,あらかじめ付近の居住者に工事概要を周知し,協力を求めるとともに,付近の居住者の意向を十分に考慮する。

☐ 工事の作業時間は,できるだけ地域住民の生活に影響の少ない時間帯とする。

☐ 運搬車両の騒音や振動の防止のためには,道路及び付近の状況によって,必要に応じ走行速度に制限を加える。

☐ 建設工事の騒音では,土砂,残土等を多量に運搬する場合,工事現場の内外を問わず運搬経路が問題となることがある。

☐ 造成工事等の土工事に伴う土ぼこりの防止対策には,散水による養生が一般的である。

☐ 広い土地の掘削や整地での粉じん対策では,散水やシートで覆うことは効果的である。

☐ 盛土箇所の風によるじんあい防止については,盛土表面への散水,乳剤散布,種子吹付けなどによる防塵処理を行う。

□ 土運搬による土砂飛散防止については，過積載の防止，荷台の**シート掛けの励行**，現場から公道に出る位置に**洗車設備の設置**を行う。

□ 土壌汚染対策法では，一定の要件に該当する土地所有者に，土壌の汚染状況調査と都道府県知事への報告を義務付けている。

□ 切土による水の枯渇対策については，工事による影響を**予測**し，必要に応じて流動阻害を避けたり，最小化する対策を講ずる。

建設機械の構造と騒音・振動

□ 建設機械は，一般に形式により騒音・振動が異なり，**油圧式の**ものは空気式のものに比べて**騒音が小さい**傾向がある。

□ 建設機械の騒音は，**エンジンの回転速度に比例する**ので，高負荷となる運転や無用なふかし運転は避ける。

□ 高出力ディーゼルエンジンを搭載している建設機械のエンジン関連の騒音は，全体の騒音の中で**大きな比重**を占めている。

□ 建設機械は，**整備不良による騒音・振動**が発生しないように点検，整備し，無用な摩擦音やガタつき音の発生を防止する。

□ 建設機械は，一般に**老朽化**するにつれ，機械各部に緩みや摩耗が生じ，騒音・振動の発生量も大きくなる。

建設機械の走行方式と騒音・振動

□ **車輪式（ホイール式）**の建設機械は，履帯式（クローラ式）の建設機械に比べて，一般に騒音・振動レベルが小さい。

□ 履帯式の土工機械では，**走行速度が速くなると騒音・振動も大きくなる**ので，不必要な高速走行は避ける。

- [ ] 土工機械の選定では，足回りの構造で振動の発生量が異なるので，機械と地盤との相互作用により振動の発生量が低い機種を選定する。
- [ ] ブルドーザの騒音・振動の発生状況は，前進押土より後進が，車速が速くなる分大きい。
- [ ] 履帯式（クローラ式）の建設機械では，履帯の張りの調整に注意しなければならない。

掘削，積込み

- [ ] 掘削，積込み作業にあたっては，低騒音型建設機械の使用を原則とする。出る★★★
- [ ] 掘削土をバックホゥ等でダンプトラックに積み込む場合，落下高をできるだけ低くして掘削土の放出も静かにスムーズに行う。
- [ ] 掘削積込機から直接トラックなどに積み込む場合，不必要な騒音・振動の発生を避けてていねいに行わなければならない。
- [ ] 建設機械による掘削，積込み作業は，できる限り衝撃力による施工を避け，不必要な高速運転やむだな空ぶかしを避ける。
- [ ] 建設機械の土工板やバケット等は，できるだけ土のふるい落としの操作を避ける。
- [ ] トラクタショベルによる掘削作業では，バケットの落下や地盤との衝突での振動が大きくなる傾向にある。

騒音・振動対策一般

☐ 騒音や振動の防止対策では，騒音や振動の**絶対値**を下げること及び発生期間の**短縮**を検討する。

☐ 騒音の防止方法には，**発生源**での対策，**伝搬経路**での対策，**受音点**での対策があるが，建設工事では**発生源**での対策が広く行われる。

☐ 作業待ち時は，建設機械等のエンジンをできる限り**止める**など騒音・振動を発生させない。

☐ コンクリートの打込み時には，トラックミキサの不必要な**空ぶかし**をしないよう留意する。

☐ 舗装版の取壊し作業では，破砕時の騒音・振動の小さい**油圧ジャッキ式舗装版破砕機**，**低騒音型**のバックホゥの使用を原則とする。

☐ 舗装の部分切取に用いられるカッタ作業では，振動ではなくブレードによる**切削音**が問題となるため，エンジンルーム，カッタ部を全面カバーで覆うなどの**騒音対策**を行う。

☐ 締固め作業でのアスファルトフィニッシャには，バイブレータ方式とタンパ方式があり，夜間工事など静かさが要求される場合などでは，**バイブレータ**方式を採用する。

☐ **空気圧縮機**や**発動発電機**は，騒音・振動の影響の少ない箇所に設置する。

☐ 覆工板を用いる場合，**据付け精度**が悪いとガタつきに起因する騒音・振動が発生する。

建設工事における環境保全対策に関する次の記述のうち，**適当でないもの**はどれか。

1. 建設公害の要因別分類では，掘削工，運搬・交通，杭打ち・杭抜き工，排水工の苦情が多い。
2. 土壌汚染対策法では，一定の要件に該当する土地所有者に，土壌の汚染状況の調査と市町村長への報告を義務付けている。
3. 造成工事などの土工事にともなう土ぼこりの防止には，防止対策として容易な散水養生が採用される。
4. 騒音の防止方法には，発生源での対策，伝搬経路での対策，受音点での対策がある。

解答 2

解説 1.の建設公害の要因別の分類では苦情の多い順に並べると掘削工，運搬・交通，杭打ち・杭抜き工，排水工となり，これらが全体の約70%以上を占めている。2.は土壌汚染対策法第3条第1項に「使用が廃止された有害物質使用特定施設に係る工場又は事業場の敷地であった土地の所有者，管理者又は占有者であって，当該有害物質使用特定施設を設置していたもの又は都道府県知事から通知を受けたものは，環境省令で定めるところにより，当該土地の土壌の特定有害物質による汚染の状況について，環境大臣又は都道府県知事が指定する者に環境省令で定める方法により調査させて，その結果を都道府県知事に報告しなければならない。(後略)」と規定されている。3.と4.は記述の通りである。

　建設工事における騒音や振動に関する次の記述のうち，**適当でない**ものはどれか。

1. 掘削，積込み作業にあたっては，低騒音型建設機械の使用を原則とする。
2. アスファルトフィニッシャでの舗装工事で，特に静かな工事施工が要求される場合，バイブレータ式よりタンパ式の採用が望ましい。
3. 建設機械の土工板やバケット等は，できるだけ土のふるい落としの操作を避ける。
4. 履帯式の土工機械では，走行速度が速くなると騒音振動も大きくなるので，不必要な高速走行は避ける。

解答　2

解説　1.と4.は記述の通りである。2.のアスファルトフィニッシャの騒音レベルは，バイブレータ式がタンパ式に比べて5～6dB（A）と小さいことから，特に静かな工事施工が要求される場合，バイブレータ式を採用する。3.の土工板やバケット等には，特に粘性土の場合付着して落ちにくくなるが，作業員を付けて常に清掃するなどの配慮を行い，できるだけ土のふるい落としの操作を避ける。

5

施工管理

02 建設リサイクル法

▶▶ パパっとまとめ

「建設工事に係る資材の再資源化等に関する法律」（建設リサイクル法）第2条第5項及び施行令第1条に定められている特定建設資材を覚える。また、廃棄物の処理及び清掃に関する法律（廃棄物処理法）第2条第4項第1号及び施行令第2条に示されている建設工事から発生する廃棄物の種類を覚える。

特定建設資材 出る★★★

建設工事に係る資材の再資源化等に関する法律（建設リサイクル法）に定められている特定建設資材は以下の4つである。（第2条第5項及び施行令第1条）

☐ コンクリート

☐ コンクリート及び鉄から成る建設資材

☐ 木材

☐ アスファルト・コンクリート

建設工事から発生する廃棄物の種類

☐ 工作物の新築に伴って生ずる段ボールなどの紙くずは、産業廃棄物である。（廃棄物の処理及び清掃に関する法律施行令第2条第1号）

☐ 工作物の除去に伴って生じた繊維くずは、産業廃棄物である。（第3号）

☐ 工作物の除去に伴って生じたガラスくず及び陶磁器くずは、産業廃棄物である。（第7号）

☐ 工作物の除去に伴って生ずるコンクリートの破片は、産業廃棄物である。（第9号）

□ 防水アスファルトやアスファルト乳剤の使用残さなどの廃油
　は、産業廃棄物である。(第12号ハ)

□ 揮発油類、灯油類、軽油類の廃油は、特別管理産業廃棄物であ
　る。(第2条の4第1号)

R4後期【No.53】

「建設工事に係る資材の再資源化等に関する法律」(建設リサイクル
法) に定められている特定建設資材に該当するものは、次のうちどれ
か。
1.　建設発生土
2.　建設汚泥
3.　廃プラスチック
4.　コンクリート及び鉄からなる建設資材

解答 4

解説 建設工事に係る資材の再資源化等に関する法律第2条 (定義) 第5項
及び同法施行令第1条 (特定建設資材) に「建設工事に係る資材の再
資源化等に関する法律第2条第5項のコンクリート、木材その他建
設資材のうち政令で定めるものは、次に掲げる建設資材とする。①コ
ンクリート、②コンクリート及び鉄から成る建設資材、③木材、④ア
スファルト・コンクリート」と規定されている。

5

施工管理

267

索引

数字・アルファベット

3m プロフィルメータ ……………… 234
CBR 試験 ………………………… 4, 234
H.W.L ……………………………… 65
LCL ………………………………… 226
PDCA ……………………………… 224
RCD 工法 …………………………… 98
RI 計器 ………………………… 4, 229, 234
R 管理図 …………………………… 226
UCL ………………………………… 226
$\bar{x} - R$ 管理図 ………………………… 226
$\bar{x}$ 管理図 ………………………… 226

あ

アースドリル工法 …………………… 39
アウトリガー ……………………… 245
明り掘削 …………………………… 254
足場 ………………………………… 252
足場の組立て等作業主任者 ………… 153
アスファルト・コンクリート ……… 266
アスファルト混合物 ………………… 85
アスファルト抽出試験 …………… 234
アスファルト乳剤 ………………… 267
アスファルトフィニッシャ … 85, 263
アスファルト舗装 …………………… 80
アタッチメント …………………… 243
圧縮強度試験 ……………………… 232
圧密・排水工法 …………………… 15
圧密試験 …………………………… 4
アルカリシリカ反応 ………………… 62
安全支柱 …………………………… 243
安全ネット ………………………… 238
安全ブロック ……………………… 243
安定処理工法 ……………………… 92

い

異形管防護 ………………………… 132
異形コンクリートブロック ………… 107
異常原因 …………………………… 224
遺族補償 …………………………… 148
一軸圧縮試験 ……………………… 4
一括委任 …………………………… 194
一括架設工法 ……………………… 58
一括下請負 ………………………… 194
一級河川 …………………………… 165
移動式クレーン ………………… 245, 246
命綱 ………………………………… 239

う

ウォータークッション ……………… 73
請負契約 …………………………… 156
打換え工法 ………………………… 89
打切補償 …………………………… 149
裏法面 ……………………………… 64
運転位置 …………………………… 257
運搬経路 …………………………… 260
運搬証明書 ………………………… 172

え

液性限界・塑性限界試験 …………… 4
塩害 ………………………………… 61
塩化物イオン量 …………………… 231
塩化物含有量 ……………………… 231
遠心力鉄筋コンクリート管 ……… 138
エンドタブ ………………………… 53

お

応力度 ……………………………… 48
オーバーレイ工法 ………………… 89
オールケーシング工法 …………… 40

送出し式架設工法 ……………………… 59
押え盛土工 ………………………………… 77
押え盛土工法 ……………………………… 18
表法面 ……………………………………… 64
温度ひび割れ ……………………………… 98

か

海岸堤防 ………………………………… 106
改造義務 ………………………………… 194
解体作業 ………………………………… 258
解体用機械 ……………………………… 257
開放型シールド ………………………… 125
化学的侵食 ………………………………… 62
下限値 …………………………………… 223
火工所 …………………………………… 174
ガス導管 ………………………………… 255
過積載 …………………………………… 261
仮設建築物 ………………………… 170, 205
河川護岸 …………………………………… 68
河川法 …………………………………… 164
河川保全区域 …………………………… 165
下層路盤 …………………………………… 81
片持ち式工法 ……………………………… 57
型枠 ………………………………………… 28
型枠支保工 ……………………………… 248
型わく支保工の組立て等作業主任者
………………………………………… 153
過転圧 ……………………………………… 86
加熱アスファルト安定処理 ……………… 83
かぶり ……………………………………… 20
下方管理限界 …………………………… 226
下方許容限界 …………………………… 217
火薬庫 …………………………………… 173
火薬類 …………………………………… 172
火薬類取扱所 …………………………… 174
空ぶかし ………………………………… 262
仮設備 …………………………………… 205
仮設備計画 ……………………………… 203
仮排水トンネル …………………………… 96

環境保全計画 …………………………… 202
関係請負人 ……………………………… 236
間げき水圧 ………………………………… 13
管材 ………………………………………… 50
含水比試験 ………………………………… 4
間接仮設工事 …………………………… 206
乾燥密度 ………………………………… 234
緩速載荷工法 ……………………………… 66
管中心接合 ……………………………… 135
管頂接合 ………………………………… 135
管底接合 ………………………………… 135
カント …………………………………… 116
監督員 …………………………………… 196
ガントチャート ………………………… 214
監理技術者 ………………………… 158, 195
管理計画 ………………………………… 203
管理限界 ………………………………… 227
管理図 …………………………………… 226

き

機械掘削 ………………………………… 102
規格検定合格ラベル …………………… 238
帰郷旅費 ………………………………… 151
危険有害業務 ……………………… 150, 151
疑似作業 ………………………………… 219
軌道 ……………………………………… 115
軌道工事管理者 ………………………… 121
軌道作業責任者 ………………………… 122
逆Ｔ型擁壁 ……………………………… 199
休業手当 ………………………………… 142
休業補償 ………………………………… 148
休憩時間 ………………………… 143, 144
休日 ……………………………………… 144
協議組織 ………………………………… 236
行政官庁 …………………… 143, 144, 149
曲線式工程表 …………………………… 213
居室 ……………………………………… 168
キンク …………………………………… 246

く

空気圧縮機 ……………………… 263
空気量試験 ……………………… 235
グラフ式工程表 ………………… 213
グラブ浚渫船 …………………… 113
クラムシェル ……………………… 7
クリティカルパス ……………… 219

け

計画高水位 ……………………… 65
傾斜型海岸堤防 ………………… 107
携帯電灯 ………………………… 173
ケーソン ………………………… 111
ケーブルクレーン架設工法 ……… 57
下水道 …………………………… 135
結合点 …………………………… 219
原位置試験 ………………………… 2
建設機械 ………………………… 208
建設業 …………………………… 156
建設公害 ………………………… 260
建設工事 ………………………… 156
建築 ……………………………… 168
建築限界 ………………………… 121
建築設備 ………………………… 168
建築主 …………………………… 168
建築物 …………………………… 168
現場代理人 ………………… 158, 195
建蔽率 …………………………… 169

こ

コア採取 ………………………… 234
鋼アーチ式支保工 ……………… 103
高圧室内作業主任者 …………… 153
公安委員会 ……………………… 172
交互交通 ………………………… 240
鋼材 ………………………… 48, 49
工事計画の届出 ………………… 154
工事材料 ………………………… 195
工事作業量比率 ………………… 213

硬質塩化ビニル管 ……………… 138
工種・品質特性 ………………… 235
工事用地 ………………………… 194
更生工法 ………………………… 138
港則法 …………………………… 183
高炭素鋼 ………………………… 49
交通誘導員 ……………………… 240
工程管理 ………………………… 216
工程管理曲線 …………………… 216
坑内労働 ………………………… 151
航法 ……………………………… 184
工法規定方式 …………………… 229
高力ボルト ……………………… 55
航路 ……………………………… 184
コーン指数 ……………………… 208
呼吸用保護具 …………………… 258
固結工法 ………………………… 17
骨材 ……………………………… 25
固定さく ………………………… 239
コンクリート …………………… 266
コンクリート打設方式 ………… 33
コンクリート造の工作物の解体等作業主任者
………………………… 153, 258
コンクリート橋架設等作業主任者 …… 153
コンクリートフィニッシャ ……… 93
コンクリート舗装 ……………… 92
コンシステンシー …………… 19, 28
ゴンドラ ………………………… 239
混和材料 ………………………… 23

さ

災害補償 ………………………… 148
再下請 …………………………… 211
最終打撃方式 …………………… 33
最早完了時刻 …………………… 220
最大乾燥密度 …………………… 229
最遅完了時刻 …………………… 220
最低年齢 ………………………… 149
最適含水比 ………… 82, 229, 234

材料分離 ································ 30
材料分離抵抗性 ················· 20
作業計画 ····························· 257
作業効率 ····························· 209
作業主任者 ·························· 153
作業能力 ····························· 208
作業標準 ····························· 224
作業床 ································· 251
砂防えん堤 ···························· 72
産業廃棄物 ·························· 266
酸素欠乏危険作業 ··············· 239
サンプル ····························· 222

し

シートベルト ························ 242
シールド工法 ······················ 125
時間計算 ····························· 144
時間的変化 ·························· 223
敷地境界 ······················ 177, 180
事故防止責任者 ··················· 123
自主検査 ····························· 243
地すべり防止工 ····················· 76
施設指令員 ·························· 122
私設信号 ····························· 183
自然排水 ······························ 76
下請契約 ······················ 158, 211
実施工程曲線 ······················ 217
指定仮設 ····························· 205
地盤改良 ······························ 66
支保工 ························· 102, 104
締固め工法 ··························· 16
締固め度 ····························· 234
斜線式工程表 ······················ 215
車道幅員 ····························· 240
シャフト工 ···························· 78
地山の掘削作業主任者 ··········· 254
車両系建設機械 ··················· 242
車両限界 ····························· 121
車両の最高限度 ··················· 161

就業規則 ····························· 145
就業制限 ····························· 150
重力式コンクリートダム ··········· 97
種子吹付け ·························· 260
主任技術者 ····················· 158, 195
主要構造部 ·························· 168
準防火地域 ·························· 170
準用河川 ····························· 165
障害補償 ····························· 148
上限値 ································· 223
上水道 ································· 131
上層路盤 ······························ 82
消波工 ································· 107
消費残数量 ·························· 174
上方管理限界 ······················ 226
上方許容限界 ······················ 217
深礎工法 ······························ 41
振動 ··································· 180
振動ローラ ························ 9, 85
針入度 ································· 234
針入度試験 ·························· 234

す

水準測量 ····························· 188
水面接合 ····························· 135
スクリューウエイト貫入試験 ········· 3
スクリューコンベヤ ················· 128
スクレーパ ······························ 8
スクレープドーザ ······················ 8
砂置換法 ····························· 229
砂置換法 ····························· 234
スラック ····························· 117
スラブ軌道 ·························· 116
スランプ ························· 20, 231
スランプ試験 ····················· 28, 235
スランプフロー ······················ 231

せ

正規分布 ……………………… 222
制限区間 ……………………… 240
施工計画 ……………………… 202
施工計画書 …………………… 203
施工体系図 …………………… 211
施工体制台帳 ………………… 211
設計基準強度 ………………… 20
設計図書 ……………………… 190
切削音 ………………………… 263
接道義務 ……………………… 169
セメント ……………………… 24
セメントミルク噴出攪拌方式 …… 33
線材 …………………………… 50
前照灯 ………………………… 242
線状ひび割れ ………………… 89
全断面工法 …………………… 101
前庭保護工 …………………… 72
線閉責任者 …………………… 122
線路閉鎖工事 ………………… 117

そ

騒音 …………………………… 177
走行速度 ……………………… 260
走行ブレーキ ………………… 243
総余裕日数 …………………… 220
側壁護岸 ……………………… 74

た

耐候性鋼 ………………… 49, 56
帯水層 ………………………… 76
タイヤローラ …………… 9, 85, 86
ダクタイル鋳鉄管 …………… 131
打撃工法 ……………………… 30
タックコート ………………… 86
ダム …………………………… 96
段差接合 ……………………… 136
タンパ ………………………… 9
タンピングローラ …………… 9

ち

置換工法 ……………………… 92
柱状図 ………………………… 222
鋳鉄 …………………………… 49
中等の品質 …………………… 195
調達計画 ……………………… 202
直接仮設工事 ………………… 206
賃金 ……………………… 142, 150

つ

突固め ………………………… 234
突固めによる土の締固め試験 …… 4
土の締固め試験 ……………… 234
土の密度試験 ………………… 234
つり綱 ………………………… 258
つり袋 ………………………… 258

て

ディーゼルハンマ …………… 31
堤外地 ………………………… 64
定格荷重 ……………………… 245
定格総荷重 …………………… 245
定尺レール …………………… 115
泥水式シールド工法 ………… 127
低騒音型 ……………………… 263
低炭素鋼 ……………………… 49
停電責任者 …………………… 122
泥土圧式シールド工法 ……… 128
堤内地 ………………………… 64
データ値 ……………………… 222
出来高払制 …………………… 143
出来高累計曲線 ………… 213, 214
鉄筋の加工 …………………… 29
電気発破 ……………………… 175
電気不良導体 ………………… 173
転倒時保護構造 ……………… 242
天端保護工 …………………… 69
転流工 ………………………… 96

と

土圧式シールド工法 ………………………… 128
凍害 …………………………………………… 61
統計的手法 ……………………………… 222, 224
導坑先進工法 ……………………………… 101
導水管 ……………………………………… 132
胴ベルト型要求性能墜落制止用器具
……………………………………………… 239
道路 ………………………………………… 169
道路管理者 ………………………………… 160
道路橋 ……………………………………… 57, 199
道路占用 …………………………………… 160
道路台帳 …………………………………… 162
道路附属物 ………………………………… 162
特殊建築物 ………………………………… 168
特定行政庁 ………………………………… 169
特定建設作業 ……………………………… 177
特定建設資材 ……………………………… 266
特定元方事業者 …………………………… 236
特別管理産業廃棄物 ……………………… 267
特別教育 …………………………………… 154
土工 ………………………………………… 234
土壌汚染対策法 …………………………… 261
土留め ……………………………………… 43
土留め壁 …………………………………… 44
土止め支保工 ……………………………… 255, 256
土止め支保工作業主任者 ………………… 153
トラクタショベル …………………………… 7
ドラグライン ………………………………… 7
トラフィカビリティー …………………… 13, 208
トルク法 …………………………………… 56
トレンチャ …………………………………… 7
ドロップハンマ …………………………… 30, 32
トンネルの観察・計測 …………………… 104

な

中掘り杭工法 ……………………………… 32
ナット ……………………………………… 55
軟弱地盤 …………………………………… 245

に

二級河川 …………………………………… 165
乳剤散布 …………………………………… 260
任意仮設 …………………………………… 205
妊産婦 ……………………………………… 151

ね

根固工 ……………………………………… 69
熱中症 ……………………………………… 239
ネットワーク式工程表 …………………… 215, 219
年少者 ……………………………………… 149

の

法すべり …………………………………… 65
法覆工 ……………………………………… 69
法面保護工 ………………………………… 13

は

バーチャート ……………………………… 213
配水管 ……………………………………… 132
パイピング ………………………………… 45
パイプクーリング ………………………… 99
パイプサポート …………………………… 248
バイブロハンマ …………………………… 31
はく離剤 …………………………………… 28
バケット …………………………………… 29
橋 …………………………………………… 198
場所打ち杭 ………………………………… 39, 41
バックホウ …………………………………… 7
パッチング工法 …………………………… 90
発動発電機 ………………………………… 263
発破掘削 …………………………………… 102
発破孔 ……………………………………… 175
発破母線 …………………………………… 175
バナナ曲線 ………………………………… 216
腹付け ……………………………………… 66

ひ

ヒービング ……………………… 44
引倒し ……………………………… 258
ヒストグラム ………………… 222, 223
ひずみ ……………………………… 48
ヒューム管 ……………………… 138
標準貫入試験 …………………………… 2
疲労 ………………………………… 62
品質管理 ………………………… 222
品質管理活動 …………………… 224
品質管理計画 …………………… 203
品質規定方式 …………………… 229
品質特性 ………………………… 224

ふ

フィニッシャビリティー ………… 19
フィルダム ……………………… 99
吹付けコンクリート …………… 102
副えん堤 ………………………… 74
普通コンクリート舗装 ……… 92, 93
フック …………………………… 238
覆工コンクリート ……………… 103
覆工板 …………………………… 263
不同沈下 ………………………… 12
不動土層 ………………………… 78
プライムコート ………………… 86
ブリーディング ……………… 19, 30
ふるい分け試験 ……………… 234, 235
ブルドーザ ……………………… 7
プレパックドコンクリート …… 111
プレボーリング杭工法 ………… 33
ブロック積擁壁 ………………… 198
プロット ………………………… 227

へ

ヘアクラック …………………… 89
平均値 …………………………… 223
閉合トラバース測量 …………… 189
平板載荷試験 ………………… 4, 234

平板ブロック …………………… 69
ヘッドガード ………………… 242, 257
変形抵抗 ………………………… 80
ベンチカット工法 ……… 96, 97, 101
ベント工法 ……………………… 59
ベント式架設工法 ……………… 57

ほ

保安管理者 ……………………… 123
ボイリング ……………………… 44
防火地域 ………………………… 170
棒グラフ ………………………… 222
棒鋼 ……………………………… 49
棒状バイブレータ ……………… 30
防波堤 …………………………… 110
ポータブルコーン貫入試験 ……… 3
ボーリング ………………………… 3
保護帽 …………………………… 238
保護眼鏡 ……………………… 239, 258
母集団 …………………………… 222
補償を受ける権利 ……………… 149
舗装継目 ………………………… 87
舗装版破砕機 …………………… 263
本えん堤 ……………………… 72, 74
ポンパビリティー ……………… 19
ポンプ浚渫船 …………………… 113

ま

マーシャル安定度試験 ………… 234
埋設物 …………………………… 254
マクラギ ………………………… 116
曲げ戻し ………………………… 29
まわり道 ………………………… 240

み

水セメント比 …………………… 20
水叩き ………………………… 73, 74
水抜き …………………………… 72
未成年者 ………………………… 149

密閉型シールド ………………………… 125

め

目地 ……………………………………… 94

も

モータグレーダ ………………………… 9
元方事業 ……………………………… 236
盛土 …………………………………… 12
盛土の締固め ………………………… 229

ゆ

油圧ハンマ ………………………… 30, 31
有給休暇 ……………………………… 144

よ

要因解析 ……………………………… 224
要求性能墜落制止用器具 …… 238, 251, 258
養生 ……………………………………… 94
容積率 ………………………………… 169
溶接継手 ………………………………… 52

ら

ランマ …………………………………… 9

り

リッパビリティー …………………… 209
リバースサーキュレーション工法 …… 39
粒度調整路盤 …………………………… 82
療養補償 ……………………………… 148

れ

レイタンス ……………………………… 19
レールレベル ………………………… 116
列車防護 ……………………………… 123
レディーミクストコンクリート
………………………………… 20, 231
連続量 ………………………………… 226

ろ

労働協約 ……………………………… 145
労働組合 ……………………………… 145
労働災害 ……………………………… 236
ローディングショベル ………………… 7
ロードローラ ……………… 9, 82, 85
路上混合方式 …………………………… 81
ロット ………………………………… 222
路面性状測定車 ……………………… 234
ロングレール ………………………… 115
ワーカビリティー ……………………… 19
ワイヤロープ ………………………… 246

わ

わだち掘れ …………………………… 89

【8ページの図の出典】
クラムシェル：株式会社 加藤製作所
トラクタショベル（ホイールローダ）：コマツ
ローディングショベル：日立建機株式会社
バックホゥ：コマツ
スクレープドーザ：田村重工株式会社
ブルドーザ：コマツ
モーターグレーダ：コマツ
クローラダンプ：コマツ
ダンプトラック：日野自動車株式会社

【9ページの図の出典】
タイヤローラ：酒井重工業株式会社
振動ローラ：酒井重工業株式会社
ロードローラ（マカダムローラ）：
酒井重工業株式会社
コンバインドローラ：コマツ
ダンピングローラ：酒井重工業株式会社
ランマ：三笠産業株式会社
振動コンパクタ：三笠産業株式会社

著者プロフィール

保坂 成司（ほさか せいじ）

日本大学生産工学部環境安全工学科教授。日本大学生産工学部土木工学科卒，日本大学大学院生産工学研究科土木工学専攻博士前期課程修了。長田組土木株式会社，日本大学生産工学部副手，英国シェフィールド大学土木構造工学科客員研究員などを経て現職。博士（工学），一級建築士，1級土木施工管理技士，測量士，甲種火薬類取扱保安責任者などの資格を持つ。著書に『建築土木教科書 1級土木施工管理技士［第一次検定］出るとこだけ！』(翔泳社)，『1級土木施工管理技士過去問コンプリート』及び『2級土木施工管理技士過去問コンプリート』(共著，誠文堂新光社) などがある。

装丁　小口 翔平＋村上 佑佳（tobufune）
DTP　株式会社シンクス

建築土木教科書
2級土木施工管理技士［第一次検定］出るとこだけ！

2024年3月11日　初　版　第1刷発行

著　者　　保坂 成司
発行人　　佐々木 幹夫
発行所　　株式会社翔泳社（https://www.shoeisha.co.jp）
印刷・製本　中央精版印刷株式会社

©2024 Seiji Hosaka

ISBN978-4-7981-8253-7　　　　　　Printed in Japan